Jochen Fischer

# Einfach abgefahren!

Silberburg-Verlag

www.silberburg.de

JOCHEN FISCHER

# Einfach abgefahren!

**Über 30 Automobilmarken aus Baden-Württemberg und ihre bewegte Geschichte**

Der Autor:
**Jochen Fischer,** geboren 1964 im Rems-
Murr-Kreis, arbeitet seit gut 20 Jahren
als Automobiljournalist. Seine schrift-
stellerischen Leib- und Magenthemen sind
Regionalgeschichte und -kultur.

1. Auflage 2017

© 2017 by Silberburg-Verlag GmbH,
Schönbuchstraße 48, D-72074 Tübingen.
Alle Rechte vorbehalten.
Umschlaggestaltung: Björn Locke,
Nürtingen.
Druck: Gulde-Druck, Tübingen.
Printed in Germany.
ISBN 978-3-8425-2037-0

Besuchen Sie uns im Internet
und entdecken Sie die Vielfalt
unseres Verlagsprogramms:
**www.silberburg.de**

## Ihre Meinung ist wichtig ...

... für unsere Verlagsarbeit. Wir freuen
uns auf Kritik und Anregungen unter:

## www.silberburg.de/Meinung

# Inhalt

Na klar, die Baden-Württemberger. Genau gesagt, ein Badener und ein Württemberger. Unabhängig voneinander und unter strenger Geheimhaltung vor der übrigen Welt. Die Erfindung des Automobils durch Carl Benz in Mannheim und Gottlieb Daimler in Cannstatt bei Stuttgart ist oft erzählt worden. Sie war schon Stoff für Biografien, Romane und Filme.

Das alles ist über 130 Jahre her, und man sollte hinzufügen: Sie haben das Automobil erfunden, wie wir es heute kennen. Versuche, zeitgenössische Dampf- oder Gasmotoren auf Fahrgestelle zu setzen, gab es auch schon in den Jahrzehnten vor Benz und Daimler. Doch diese Maschinen funktionierten entweder nicht im Sinne ihrer Erfinder oder sie eigneten sich nicht für die Herstellung in Serie. Auch nach dem ersten Mercedes-Modell von 1900, das Experten als den Durchbruch des modernen Automobils bewerten, war das Rennen um die Zukunft noch nicht entschieden. Dampf- und Elektromobile konkurrierten bis etwa 1910 mit Fahrzeugen, die von einem Verbrennungsmotor angetrieben wurden. Schließlich setzte sich das heutige Automobil wegen seiner Effizienz und vergleichsweisen Einfachheit durch.

Es ist viel passiert in mehr als 130 Jahren seit Erfindung des Automobils; naheliegend, dass es viele baden-württembergische Automobilgeschichten zu erzählen gibt. Dazu ist dieses Buch entstanden. Es erzählt von den großen Marken, die weltweit erfolgreich sind. Aber auch

**Die Erfindung von Daimlers Verbrennungsmotor, zeichnerisch festgehalten.**

**In den 1950ern machten die Kleinst-Autos von Egon Brütsch von sich reden.**

Automobilgeschichte ist auch Zeit- und Industriegeschichte. Es war nicht von Beginn an selbstverständlich, beim Händler ein komplettes Auto zu bestellen. Bis etwa in die frühen 1950er-Jahre waren Karosseriebaufirmen ein bedeutender Teil der Automobilindustrie. Sie haben – anfangs als Einzelanfertigungen auf Kundenwunsch, später zunehmend in Kleinserien für die Automobil- und Nutzfahrzeughersteller – motorisierte Fahrgestelle zu fahrbereiten Autos komplettiert oder waren Montagepartner der Hersteller. In Baden-Württemberg hat es viele große Namen dieser Branche gegeben, deren Geschichte in diesem Buch der Automobilmarken auch erzählt wird. Die vielen Landmaschinenhersteller im Südwesten hätten den Rahmen allerdings gesprengt. Traktoren rollen zwar auch auf der Straße, doch ihr eigentliches Revier ist die Feldarbeit. Keine Automobile also im Sinne dieses Buchs.

Für die Unterstützung bei meiner Arbeit am Buch möchte ich mich bei den Mercedes-Benz Classic Archiven bedanken, deren Bibliotheksbestände weit über die eigenen Marken hinausreichen. Ebenso beim Wirtschaftsarchiv Baden-Württemberg sowie bei meiner Freundin Nicole und bei Torsten Schöll vom Silberburg-Verlag, die mit kritischem Lesen und Fragen dazu beigetragen haben, dass die erzählten Geschichten (hoffentlich) auch für Nicht-Experten lesbar und spannend sind.

von denen, die einmal groß waren und heute nicht mehr existieren. Es erzählt von kleinen Automobilherstellern, die fast vergessen sind, und von kurzlebigen unternehmerischen Abenteuern. Es berichtet von großen Erfolgen, von großen Pleiten und kleinen Flops, von skurrilen Randfiguren.

**Das Alphabet sorgt dafür, dass die jüngste Automobilmarke Baden-Württembergs in diesem Buch an erster Stelle steht. Zwar wurde AMG schon 1967 als Ingenieurbüro gegründet, doch verkauft Mercedes-AMG erst seit 2010 komplett selbstentwickelte, leistungsstarke Sportwagen.**

AMG hing lange Zeit der Ruf an, ein Auto-Tuner zu sein: sportliche Leichtmetallräder, breite Reifen, tiefergelegte Fahrwerke, dicke Auspuffrohre und ein Sound, den manche cool und andere nervig finden. Das mit dem Tuning ist nicht ganz falsch, doch nur ein Teil der Geschichte von AMG.

Die zwei Männer, die 1967 ihr gemeinsames Unternehmen gründeten, haben sich im Markennamen ver-ewigt. AMG steht für »Aufrecht Melcher Großaspach«. Hans Werner Aufrecht und Erhard Melcher arbeiteten Mitte der 1960er-Jahre in der Motorenentwicklung von Mercedes-Benz an den Prüfständen für Rennmotoren. Beide Männer waren motorsportbegeistert, beide waren

**Der Mercedes-AMG GT, das zweite selbst entwickelte Modell der Marke.**

enttäuscht, als Mercedes-Benz sich nach Ende der Saison 1964 bis auf weiteres aus dem Tourenwagen-Rennbetrieb zurückzog. Da es nun keinen Werksrennsport mehr bei Mercedes-Benz gab, fragten einige Privatfahrer bei den Motorspezialisten an, ob sie ihre Autos siegfähig machen könnten.

Zunächst wurde in Hans Werner Aufrechts Garage in seinem Geburtsort Großaspach bei Backnang geschraubt. Ende 1966 kündigte Aufrecht bei Mercedes-

Benz und überzeugte Melcher, gemeinsam das »Ingenieurbüro, Konstruktion und Versuch zur Entwicklung von Rennmotoren« zu gründen. Zur Firmengründung mietete AMG eine ehemalige Mühle im nahegelegenen Burgstall. Der Umzug an den heutigen Standort Affalterbach, ebenfalls nicht weit weg von Großaspach, erfolgte 1976. Einen spektakulären Einstand in den Motorsport hatte AMG 1971, als man eine Mercedes-Benz-Limousine der Oberklasse – heute würde man sagen S-Klasse – mit vergrößertem Hubraum und technischen Finessen auf mehr als 400 PS Leistung brachte, die beim Langstreckenrennen im belgischen Spa überlegen siegte. Allerdings stellte AMG rasch fest, dass Motorsport zwar viel Ehre einbringt, aber wenig Geld. Schlimmstenfalls sogar Verluste.

Das im Motorsport erprobte Können, aus Mercedes-Benz-Fahrzeugen das Maximum an Leistung und Fahrerlebnis herauszuholen, wurde zum Erfolgsfaktor der kleinen Firma. Die Räume der Mühle waren bald zu eng für die steigende Zahl von Autos, deren Besitzer sie nach Burgstall brachten, weil sie die Leistung der technisch grundsoliden Mercedes-Benz-Modelle steigern lassen wollten. Als Hans Werner Aufrecht in einen Neubau nach Affalterbach umzog, beschäftigte AMG gut ein Dutzend Menschen. Erhard Melcher blieb in Burgstall und verließ die Firma: Der bekennende Individualist fühlte sich in der Rolle des Unternehmers nicht

**Links: Auch Auto-Accessoires wie exklusive Räder haben AMG bekannt gemacht.**

**Rechts: Motoren aus Affalterbach werden mit dem Namen des Monteurs gekennzeichnet.**

wohl und wollte künftig selbstständig arbeiten – als Partner für AMG.

Dass Auto-Enthusiasten sich nicht nur ein starkes Auto wünschten, sondern dies auch gern zeigen wollten, brachte als weiteres Geschäftsfeld jene Anbauteile, Räder und Lederausstattungen hinzu, die viele Menschen bis heute mit AMG verbinden. Mercedes-Benz war zunächst nicht begeistert davon, dass ein kleines Unternehmen seine Modelle umbaute. Andererseits machte AMG seine Sache exzellent und war erfolgreich. Auch im Tourenwagen-Motorsport, in den die Affalterbacher 1986 mit dem Mercedes-Benz 190 2.3-16 in der Rennserie DTM erneut einstiegen. Der Publikumserfolg dieser Rennserie weckte auch bei Mercedes-Benz wieder Lust am Werkssport: Der Hersteller unterstützte 1988 erstmals offiziell das AMG-Team und wurde rasch fester Partner in der DTM.

1990 vereinbarten AMG und Mercedes-Benz eine Zusammenarbeit auch bei den Straßenfahrzeugen, denn die sportlichen AMG-Versionen waren gut für das Image und die Verkaufszahlen der Mercedes-Benz-Baureihen. Etwa ein Jahrzehnt später, 1999, verkaufte Hans Werner Aufrecht 51 Prozent von AMG an die heutige Daimler AG und gründete das Motorsportunternehmen HWA. Dieser Rennstall ist bis heute zuständig für den Tourenwagen-Rennsport von Mercedes-Benz. 2005 schließlich gab Aufrecht seine Anteile an AMG komplett an Daimler ab, wo die Marke seither als Mercedes-AMG firmiert. Im März 2010 kam das erste Mercedes-AMG-Modell auf den Markt, das in kompletter Eigenentwicklung entstanden war: der SLS AMG. Aktuell sind in Affalterbach, wo Mercedes-AMG seine Fahrzeuge entwickelt und Motoren baut, etwa 1500 Mitarbeiter beschäftigt. Montiert werden die knapp 100 000 pro Jahr produzierten Mercedes-AMG-Modelle im Daimler-Werk Sindelfingen.

**Ursprünglich war Audi ein sächsisches Automobilunternehmen, im Jahr 1910 in Zwickau von August Horch gegründet. Seit 1969 produziert die Marke in Baden-Württemberg; Anlass dafür war die Fusion mit NSU. Die neu formierte Audi NSU Auto Union AG hatte bis 1985 ihren Firmensitz in Neckarsulm.**

Fast so komplex wie die Abläufe im heutigen Audi-Werk Neckarsulm, wo etwa 15000 Menschen beschäftigt sind, ist die verwickelte Vorgeschichte der Automobilmarke. Während dieser langen Reise durch die Historie gab es schon 1958 eine Verbindung von Audi zu Baden-Württemberg: Daimler-Benz hatte 88 Prozent des Kapitals der Auto Union GmbH, Ingolstadt, erworben. Zu verwertbaren Ergebnissen führte die Mehrheitsübernahme indes nicht, weshalb Daimler-Benz seine Anteile und das Markenrecht schrittweise bis 1966 an die Volkswagenwerk AG verkaufte – auf diesem Weg kam die Marke Audi zum heutigen VW-Konzern.

Die Geschichte beginnt allerdings sieben Jahrzehnte früher. August Horch, ein großer Name unter den deutschen Automobilingenieuren, gründete 1899 in Köln-

**Audi hat sich einen Ruf als deutsche Oberklassemarke erarbeitet.**

Ehrenfeld ein Unternehmen, um Motorfahrzeuge zu bauen. Nach einer Zwischenstation im Vogtland etablierte sich Horch 1904 in Zwickau mit der August Horch & Cie. Motorwagenwerke AG. Interessantes Detail aus baden-württembergischer Sicht: Als junger Ingenieur hatte Horch von 1896 bis zum Schritt in die Selbstständigkeit bei Benz in Mannheim gearbeitet, wurde dort Betriebsleiter. Doch der konservative Carl Benz ließ den kreativen und unkonventionellen Techniker in seiner Firma nicht so zur Entfaltung kommen, wie Horch sich das wünschte. Unter eigenem Namen, jedoch wie damals üblich unter dem Einfluss von Investoren, konstruierte August Horch in Zwickau erfolgreiche Auto-Modelle. Doch Anfang 1909 kam es zur Trennung: Der Namensgeber verließ die Firma, die seinen Namen trug, wegen zu großer Einflussnahme der Geschäftsführung, berichten die einen Quellen. Die andere Lesart lautet, dass Vorstand und Aufsichtsrat August Horch den Abschied nahelegten, weil er das Unternehmen wegen eines unausgereiften, erfolglosen Sechszylinder-Wagens in wirtschaftliche Schieflage gebracht habe.

Horch, überzeugt von seinem technischen Sachverstand, tat einfach Folgendes: Mit seinem Privatvermögen, einem von befreundeten Investoren unterstützten Kredit und einigen engen Mitarbeitern gründete er kurz darauf in Sichtweite seiner vormaligen Firma eine neue Automobilfabrik. Dieser gab er zunächst wieder den Namen Horch, was sich aber als nicht gerichtsfest erwies: Die Namensrechte waren bei den August Horch & Cie. Motorwagenwerken geblieben. Also brauchte Horchs neue Marke auch einen neuen Namen. Audi ist der Imperativ des lateinischen Verbs audire (hören), also die latinisierte Übertragung von »horch!«. Im April 1910 wurden die Audi Automobilwerke ins Handelsregister eingetragen und stellten im selben Jahr ihr erstes Modell vor.

August Horch wechselte 1920 in den Aufsichtsrat und machte sich hauptberuflich als Sachverständiger selbstständig. Die Marke entwickelte sich währenddessen zu einem anspruchsvollen Hersteller: »Die Audi-Werke zählen zu jenen deutschen Automobilfabriken, welche die Preisfrage hinter die konstruktive Aufgabe zurückstellen«, hieß es in einem Prospekt. Im Klartext: »Wir sind gut und teuer.« Das führte Audi in Folge der deutschen Automobilkrise von 1925/26 an den Abgrund: Die Audi-Modelle waren exzellent, aber zu teuer. Die Übernahme durch die Zschopauer Motorenwerke, die unter der Marke DKW Motorräder und wenige Autos produzierten, rettete 1928 Audi vor dem Konkurs. Allerdings geriet DKW ein Jahr später in den Strudel der Weltwirtschaftskrise. Um ihr Geflecht aus Unternehmensbeteiligungen und Krediten abzusichern, fädelte die Sächsische Staatsbank den Plan ein, Audi, DKW, die ebenfalls angeschlagenen Horch-Werke und die Automobilsparte der Wanderer-Werke, Chemnitz, unter einem Konzern-Dach zu vereinen. Diese Auto Union wurde im Sommer 1932 gegründet und bekam als Firmenzeichen vier ineinander verschlungene Ringe als Symbol für die vier verschmolzenen Marken. So ist das heutige Audi-Markenzeichen entstanden. August Horch wurde 1933 Aufsichtsratsmitglied der Auto Union AG und wachte bis 1945 über das Schicksal gleich zweier Marken, die er einmal etabliert hatte.

Dass der sächsischen Auto Union im Jahr 1949 ein gleichnamiges Unternehmen in Bayern folgte, hat mit der Politik nach dem Zweiten Weltkrieg zu tun: In der sowjetischen Besatzungszone wurde die Chemnitzer

**Zwei Automobilmarken tragen seinen Namen: Horch und Audi.**

Auto Union AG 1948 aus dem Handelsregister gelöscht. Da die neuen Machthaber sich keine Markenrechte sicherten, konnte 1949 in Westdeutschland eine Auto Union GmbH gegründet werden. Sie hatte ihren Sitz im Zentrallager Ingolstadt, das die Ersatzteilversorgung der knapp 70 000 DKW-Fahrzeuge in den Westzonen sicherstellen sollte.

1940 waren in Zwickau die letzten Audi-Modelle hergestellt worden, dann wurde das Werk zur Rüstungsindustrie verpflichtet. In Ingolstadt wurden von 1949 an zunächst nur DKW-Modelle mit Zweitaktmotoren produziert. Markenzeichen waren auch bei ihnen die vier Ringe. In der Wiederaufbauzeit waren die DKW erfolgreich, doch in den frühen 1960er-Jahren knatterten die veralteten Zweitakter ins Abseits. Das letzte DKW-Modell

F 102 wurde 1966 vom Markt genommen, weil von den gut 50 000 hergestellten Wagen nur noch etwa 25 000 verkauft werden konnten. Der Markenname DKW hatte keinen guten Ruf mehr, also wurde nach 25 Jahren Pause die Marke Audi wiederbelebt. 1965 stellte die Auto Union den Audi F 103 vor, der einen 1,7 Liter großen Viertaktmotor bekam und damit deutlich moderner war als seine DKW-Vorgänger. Mit ihm, der wenig später als »Audi 72« bezeichnet wurde, hat die zweite Karriere von Audi begonnen. Seit 1969, als Audi und NSU (Seite 108) fusionierten, ist auch das baden-württembergische Neckarsulm ein Audi-Standort. Unter anderem wurden hier die lange Zeit wegweisenden TDT-Dieselmotoren entwickelt und hergestellt.

**Links: Das erste Modell von 1965 hieß zunächst nur Audi, ab 1966 dann Audi 72.**

**Rechts: Die allradgetriebenen Quattro-Modelle wurden durch den Rallyesport populär.**

# Auwärter, Neoplan

**Unter dem Familiennamen Auwärter gab es gleich drei baden-württembergische Fahrzeughersteller. Zwei von ihnen haben Busse hergestellt, einer war auf Fahrzeuganhänger spezialisiert. Die bekannteste der drei Auwärter-Marken war Neoplan.**

**Ernst Auwärter stellte seine Busse zuletzt in Steinenbronn her.**

Hervorgegangen sind alle drei Auwärter-Betriebe aus einem gemeinsamen Ursprung: einem schon 1854 eröffneten Wagenbaubetrieb im heutigen Stuttgarter Stadtteil Möhringen auf den Fildern. Dieses Unternehmen blieb über viele Jahrzehnte in Familienbesitz und machte den Namen Auwärter bekannt. Gottlob Auwärter junior, einer der Söhne des damaligen Inhabers, verließ 1935 das väterliche Unternehmen und gründete seine eigene Firma – ebenfalls in Möhringen. Dort stellte er Karosserien für Omnibusse und Lkw her. Dieser Betrieb mit Namen Gottlob Auwärter gab seinen Bussen von 1953 an zur besseren Unterscheidung den Markennamen Neoplan.

Denn auch im anderen Möhringer Auwärter-Betrieb wurden seit 1928 Omnibusse ausgebaut. 1949 teilten die seinerzeit geschäftsführenden Brüder Ernst und Paul Auwärter die Firma auf: Ernst Auwärter übernahm die Omnibusfertigung und blieb am Firmensitz in Stuttgart-Möhringen, während Paul Auwärter eine neue Fertigungsstätte in Simmozheim am Rand des Schwarzwalds einrichtete. Dort stellte er Anhänger und kleine Tieflader her. Die Ernst Auwärter Karosserie- und Fahrzeugbau KG ist 1973 von Möhringen nach Steinenbronn im Schönbuch gezogen. Das Unternehmen hat nahezu ausschließlich Busse gebaut. Man spezialisierte sich auf Kleinbusse und auf große, exklusive Reisebusse. In den ersten

Jahren nach 1949 hat Ernst Auwärter Fahrgestelle nahezu aller namhaften Marken mit Aufbauten versehen. Nachdem die Hersteller zu Bussen mit selbsttragenden Karosserien übergingen, profilierte sich das Werk als Maßschneider für den Innenausbau und stattete luxuriöse Busse nach Kundenwunsch aus. Zahlenmäßig bedeutsamer waren die ebenso hochwertig ausgestatteten Kleinbusse mit fünf bis acht Sitzreihen. Diese wurden von den großen Herstellern ab Werk kaum angeboten.

Ernst Auwärter hat vorwiegend Mercedes-Benz-Fahrzeuge zum Ausbau verwendet, aber auch eigenständigere Baureihen mit eigenem Markenzeichen hergestellt. Außerdem sind in Steinenbronn Spezialfahrzeuge in kleinen Serien entstanden: einige Elektro-Citybusse für die Verkehrsbetriebe Hannover sowie Kleinbusse mit Einstiegsmöglichkeiten für bewegungseingeschränkte oder auf Rollstühle angewiesene Menschen. Die Jahresproduktion lag bei 120 bis

150 Fahrzeugen. Mit diesem spezialisierten Programm hielt sich die Ernst Auwärter KG bis in die beginnenden 2000er-Jahre als letzter klassischer Omnibuskarosseriebauer in Deutschland über Wasser.

Währenddessen war die von Gottlob Auwärter jr. gegründete Marke Neoplan im Jahr 2001 vom Nutzfahrzeug-Konzern MAN übernommen worden. Gottlob Auwärter hatte nach 1945 in Möhringen wie seine

**Schnittig: der Neoplan Starliner von 1996.**

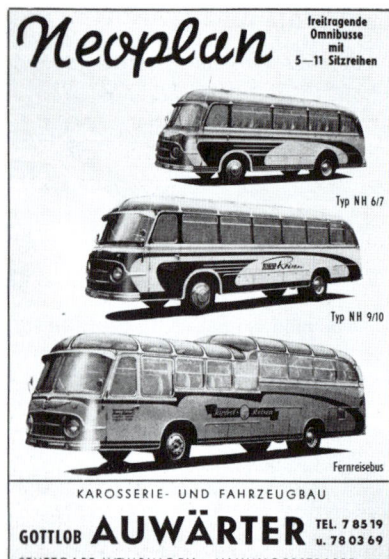

**1953 führte Gottlob Auwärter den Markennamen Neoplan ein.**

Verwandtschaft zunächst auf Mercedes-Benz-Fahrgestelle aufgebaut. Um sich unabhängiger zu machen, stieg das Unternehmen bald in die Komplettproduktion ein, für die es lediglich noch die Motoren von verschiedenen Herstellern bezog. Die erste bedeutende Bus-Entwicklung der Nachkriegsära wurde zum späteren Markennamen: 1953 stellte man den ersten Neoplan vor (das Kunstwort stand für Neuzeitliche Omnibus-Planung), ein selbsttragendes Modell, das Fahrgestell und Aufbau in einem Stahlgerippe vereinte. 1951 hatte Kässbohrer in Ulm einen ersten solchen Bustyp auf den Markt gebracht und dafür den Namen Setra (für selbsttragend) gewählt (Seite 122).

Gottlob Auwärter seinerseits führte 1957 als erster Omnibushersteller ein Fahrwerk mit Luftfederung und vorderer Einzelradaufhängung ein, was den Komfort deutlich verbesserte. Von 1960 an wurde Neoplan in kurzer Zeit zum Marktführer bei Flughafenbussen für den Transfer zwischen Terminal und Flugzeug. Auch mit Standardbussen für Linienverkehr und Reise wuchs Neoplan zu einer der bedeutendsten und innovativsten deutschen Omnibus-Marken. In den 1990er-Jahren war Neoplan dank des Nachholbedarfs in den neuen Bundesländern zeitweilig deutscher Marktführer für Reisebusse und zweitgrößter deutscher Busproduzent hinter Mercedes-Benz.

Die bis zu 2000 hergestellten Busse pro Jahr machten Neoplan attraktiv für einen weiteren deutschen Bus-Riesen: 2001 übernahm der Münchener MAN-Konzern die Marke Neoplan mit dem Ziel, Mercedes-Benz als Num-

**Bild aus Gründertagen: Gottlob Auwärter junior (Bildmitte) vor seinem Betrieb.**

**Hochwertiger Neoplan-Reisebus aus den 1950er-Jahren.**

mer eins zu überflügeln. Für die Produktion in Stuttgart-Möhringen war die Übernahme allerdings der Anfang vom Ende: Das Auwärter-Stammwerk wurde wenige Jahre später geschlossen, 2006 die Neoplan-Unternehmenszentrale nach Bayern verlegt. Das Möhringer Werksgelände ist mittlerweile planiert und neu bebaut worden.

Keines der drei Unternehmen, die einmal den Namen Auwärter trugen, produziert noch in Baden-Württemberg: Die Ernst Auwärter Karosserie- und Fahrzeugbau KG ist 2004/2005 in die Insolvenz gegangen. Die Herstellung von Auwärter-Anhängern in Simmozheim endete im Jahr 2008.

**In Stuttgart war fast 90 Jahre lang ein Spezialbetrieb für Cabriolets zu Hause. Anfangs war das Unternehmen Automobil-Maßschneider für Wohlhabende. In der zweiten Hälfte des 20. Jahrhunderts gehörten die Baur-Cabrios zeitweilig zum offiziellen Verkaufsprogramm der bayerischen Marke BMW.**

Der 1887 geborene Karl Baur war gelernter Kutschenbauer und hatte 1908 seinen Meisterbrief in München erworben. Er verstand, dass er mit Pferdekutschen wohl nicht mehr sein tägliches Brot verdienen würde, als nach 1900 die Automobile populär wurden. 1909 ging er nach Untertürkheim zum Automobilbauer Daimler und leitete dort unter anderem den Bau eines Küchenwagens für den kaiserlichen Hof. Doch schon ein Jahr später entschied er sich für die Selbstständigkeit. Das war für einen Meister seines Fachs nicht ungewöhnlich, sondern naheliegend: Bis in die 1930er-Jahre wurde die Herstellung von Karosserien, von denen keine hohen Stückzahlen zu erwarten

waren – speziell in den höheren Preisklassen – von den Automobilfabriken oft an Karosseriespezialisten vergeben. Außerdem war mit Einzelanfertigungen auf Kundenwunsch Geld zu verdienen. Das Auto ist erst nach dem Zweiten Weltkrieg endgültig zum standardisierten Industrieprodukt geworden. Karl Baur mietete 1910 in Stuttgart eine Werkstatt an und zog 1917 mit seinem Meisterbetrieb für Fahrzeugaufbauten nach Stuttgart-Berg. Privatkunden und später auch Automobilhersteller lieferten dort die motorisierten Fahrgestelle an, den Rest erledigte der Karosserieschneider. Handwerke der Karosseriebauunternehmen waren die Bearbeitung von Holz für die Unterkonstruktionen, Blech

*Für den Hersteller Maico montierte Baur das Modell MC 500/4.*

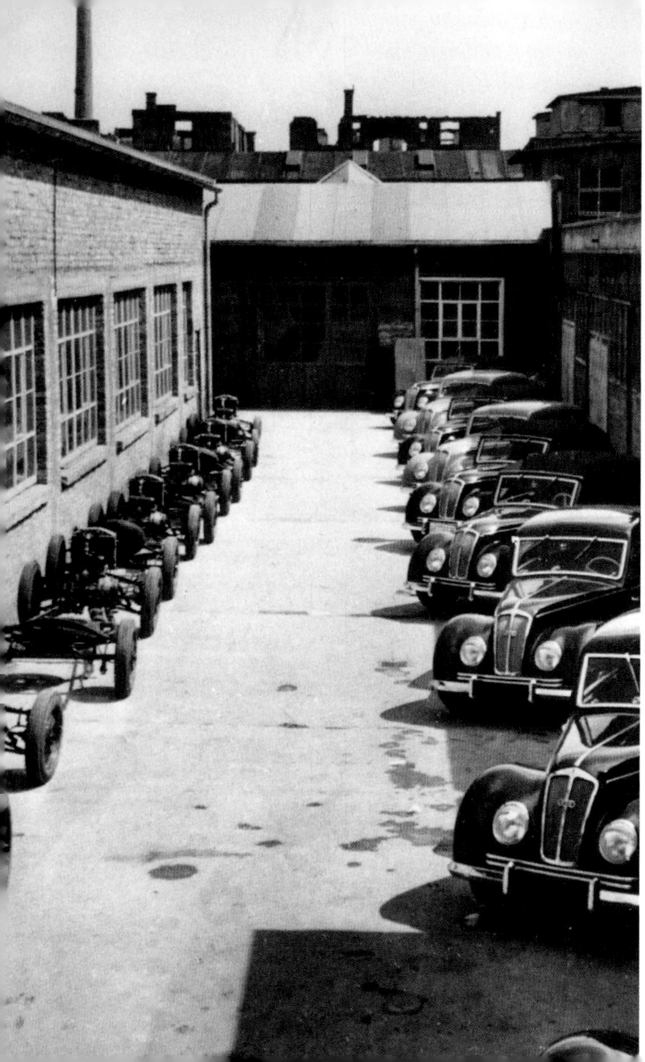

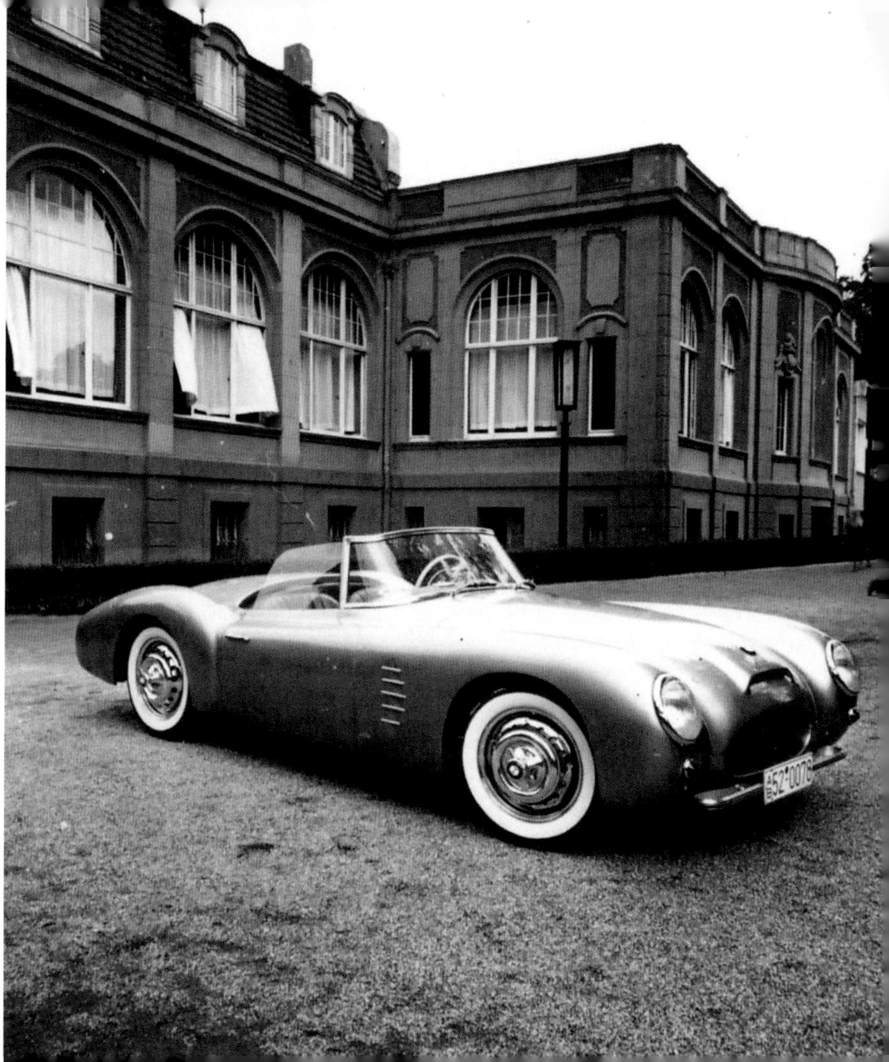

für die Karosserie sowie Leder und Textilien für die Innenausstattung. Auch das Lackieren gehörte zum Geschäft.

Bis in die 1920er-Jahre waren Cabriolets verbreiteter als Limousinen. Das Unternehmen Baur entwickelte sich zu einem Spezialisten für den Faltmechanismus von Cabriolet-Verdecken. Eines seiner ersten Produkte waren so genannte Landaulet-Taxis. Bei gutem Wetter oder wenn die Fahrgäste es wünschten, konnte der hintere Teil des Verdecks über den Köpfen der Passagiere nach hinten gefaltet werden, so dass sie die Droschken-Fahrt im Freien genossen. Die Art und Weise, wie Stoffdächer bis heute gefaltet und in einem Verdeckkasten verstaut werden, geht auf einen 1912 patentierten Entwurf von Karl Baur zurück. In Baurs frühen Referenzlisten fanden sich Modelle fast aller großen deutschen Fahrzeugmarken; erste Renommierstücke waren vor allem luxuriöse Pullman-Limousinen und Cabriolets

von Mercedes-Fahrzeugen für Stuttgarter Kunden.

Um Aufträge der Fahrzeughersteller warben ambitionierte Karosseriebauer in der Regel mit Musterkarosserien, die sie auf eigene Initiative herstellten und beim Hersteller präsentierten. Von den sächsischen Wanderer-Werken erhielt Baur 1927 auf diesem Weg eine Order über 200 viertürige Cabriolets. Ein Auftrag des Oberklasse-Herstellers Horch

über 30 Cabriolets folgte. Für die Serienproduktion investierte Baur unter anderem in eine Punktschweiß-Anlage, die den Karosseriebau effizienter machte. Die neu formierte sächsische Auto Union erteilte ab 1932 weitere Aufträge der Marken DKW, Horch und Wanderer nach Stuttgart.

Nach dem Zweiten Weltkrieg und den Wiederaufbaujahren stieg Baur wieder ins Karosseriegeschäft ein, als man im Auftrag von DKW ab 1949 Karosserien baute und die Sperrholzkarosserien von fahrtüchtigen Vorkriegsmodellen gegen moderne Stahlaufbauten tauschte. Diese Baur-DKW gehörten zu den ersten Traumwagen der Nachkriegszeit. Es folgten Jahrzehnte, in denen Baur sich einen Namen als Konstrukteurs- und Herstellungspartner bekannter Auto-Marken machte. Zu Spitzenzeiten hatte das Stuttgarter Unternehmen mehr als 600 Mitarbeiter und erreichte mit manchen Modellen vier-, teils auch fünfstellige Verkaufszahlen. Am bekanntesten wurden

**Seitenmitte:** Karl Baur machte sich 1910 als Karosseriebauer selbstständig.

**Gegenüberliegende Seite links:** In den Nachkriegsjahren setzte Baur DKW-Modelle instand.

**Gegenüberliegende Seite rechts:** Dieser Entwurf für einen BMW-Sportroadster wurde nie realisiert.

rollbügel und ein variables Dach aus festen und faltbaren Elementen. Mit solchen BMW-Abwandlungen trat man auch als Fahrzeughersteller unter eigenem Namen auf: Die Modelle hießen Baur Topcabriolet und Baur Topcoupé, kurz Baur TC.

Neben den Cabriolet-Umbauten entstanden bei Baur auch Kleinserien im Entwicklungsauftrag großer Marken wie Audi oder Porsche – meist Teilfertigungen, gelegentlich Komplettfahrzeuge. Als Auftragnehmer trug Baur allerdings auch Risiken: Für den Pfäffinger Hersteller Maico übernahm man 1956 Karosseriebau und Montage des Modells MC 500/4, die letzte Version des glücklosen Kleinwagens Champion (Seite 46). Zwar wurden etwa 6000 Fahrzeuge hergestellt, doch nie gewinnbringend. Maico stellte im Frühjahr 1958 nach hohen Verlusten – auch für Baur – die Autoproduktion komplett ein und meldete Konkurs an. Ähnlich verlustreich war Baurs Engagement für den deutschen Kleinserien-Autoproduzenten Bitter in den 1970er-Jahren.

In den 1990er-Jahren stießen die großen Automarken zunehmend selbst in so genannte Marktnischen vor und bedienten sie mit Autos aus den eigenen Werken. Das brachte letztlich auch das Ende der Automobilentwicklung und -montage bei Baur: Im Spätherbst 1998 meldete der Traditionsbetrieb Insolvenz an und verschwand vom Markt. Etwa zehn Jahre später ist das Werksgelände in Stuttgart-Berg abgerissen und mit Wohnhäusern bebaut worden.

**Die Baur-Cabrios wurden lange Jahre über die BMW-Händler vertrieben.**

die Umbauten von BMW-Modellen. Diese Verbindung begann in den 1950er-Jahren und hatte ihren Höhepunkt in den 1970ern und 1980ern, als Baur aus Coupés der BMW 3er-Reihe Cabriolets schneiderte. Bevor BMW begann, werksseitig Cabrios zu liefern, wurden die Baur-Umbauten offiziell über die BMW-Händler vertrieben. Baur machte aus den BMW keine Vollcabriolets, sondern ließ die Fensterrahmen stehen, installierte einen Überrollbügel und ein variables Dach aus festen und faltbaren

**Carl Benz war einer der beiden Erfinder des modernen Automobils, klar. Bevor die Marke Teil des Doppelnamens Mercedes-Benz wurde, hat Benz 40 Jahre lang unter eigenem Namen Automobile gebaut – und das sogar in zwei verschiedenen Firmen.**

Mercedes-Benz – die Marke ist über Jahrzehnte fast zum Synonym für Automobilqualität Made in Germany geworden. Präziser: Made in Baden-Württemberg. Der Badener Carl Benz, der eine Namensgeber des 1926 entstandenen Konzerns, ist allerdings in der öffentlichen Wahrnehmung ein wenig in den Schatten gedrängt worden. In der heutigen Daimler AG ist sein Name nicht mehr präsent. Und auch wenn die Marke immer schon Mercedes-Benz heißt, sagen die meisten doch eher, jemand habe sich einen Mercedes gekauft. Das ärgert viele Landsleute von Benz nachhaltig, denn in den badischen Werken von Daimler arbeiten die Belegschaften nach eigenem Selbstverständnis bis heute »beim Benz«.

Carl Benz ist 1844 in Mühlburg (heute ein Vorort von Karlsruhe) geboren worden, wuchs als uneheliches Kind einer Dienstmagd in einfachsten Verhältnissen auf und war vier Jahrzehnte lang Automobilfabrikant im eigenen Unternehmen. Er hat das moderne Automobil, so, wie wir es heute kennen, erfunden – praktisch zeitgleich mit Gottlieb Daimler. Was die beiden großen Namen außer einer Landes-

**Das Benz Velo war das erste Großserienautomobil der Welt.**

**Zeitgenössische Werbung für ein Benz-Cabriolet.**

nungsmotor, wie das Entwicklungsziel genannt wurde, wollte er »zu Lande, zu Wasser und in der Luft« zum Einsatz bringen. Im selben Jahr 1886 ist auch Daimlers erstes Auto entstanden, indem er seinen Motor in eine Kutsche einbaute, die er von einem Wagnerbetrieb hatte anfertigen lassen.

Eine Kinderkrankheit des ersten Benz-Wagens aus Mannheim ließ sich nicht leugnen: »Ich konnte aber theoretisch mit der Steuerung nicht ganz fertig werden, und so entschloß ich mich, das Fahrzeug dreirädrig herzustellen«, schrieb Benz später. Mit Steuerung meinte er die Lenkung, die für zwei parallele Vorderräder deutlich komplexer ist als für das Solo-Vorderrad des Patent-Motorwagens von 1886. Wenige Jahre später fand Benz die Lösung auch dieses Problems und ließ sich seine Lenkung 1893 patentieren. Der Vollständigkeit halber: Benz ist nicht der Erfinder der so genannten Achsschenkel-Lenkung,

grenze und dem späteren Wettstreit um die besseren Produkte trennte: Carl Benz hatte von Beginn an ein Motorfahrzeug im Sinn. Sein im Januar 1886 zum Patent angemeldetes

»Fahrzeug mit Gasmotorenbetrieb« hatte er speziell für diesen Zweck konstruiert. Gottlieb Daimler war dagegen zunächst ein Motorenbauer. Seinen schnelllaufenden Verbren-

sie war schon im 18. Jahrhundert bekannt. Er hat sie wiederentdeckt, und erst bei Automobilen hatte sie einen praktischen Wert.

Die »Benz & Co. Rheinische Gasmotoren-Fabrik Mannheim«, wie der Gründer sein Unternehmen nannte, war nicht allein die Geburtsstätte des modernen Automobils, Benz war auch der erste Großserien-Hersteller von Autos. Das vierrädrige Motor-Veloziped von 1894, kurz »Benz Velo« genannt, war ein kleiner, preiswerter Wagen, der 2000 Mark kostete, nur 280 Kilogramm wog und knapp 20 km/h schnell war. Es war attraktiv genug, um es bis 1901 in einer Stückzahl von 1200 zu bauen und zu verkaufen. Im Geschäftsjahr 1899 wurden bei Benz insgesamt 572 Fahrzeuge gebaut, das machte das Mannheimer Unternehmen zum weltweit größten Automobilhersteller. Innerhalb von zehn Jahren hatte sich die Beleg-

**Fahrzeugmontage in den Benz-Werken 1910.**

Der Blitzen-Benz machte als Rekordwagen Furore.

schaft auf 430 Arbeiter fast verneunfacht. Ein wichtiger Exportmarkt für Benz lag im Westen von Baden: Frankreich. Dass man dort schon vor 1900 gern Automobile benutzte, hatte einen triftigen Grund: Frankreichs Straßennetz war besser ausgebaut als anderswo und basierte auf den Alleen, die Napoleon Bonaparte – der bedeutendste Straßenbauer seit der Römerzeit – um 1800 als Marschwege für seine Armeen hatte anlegen lassen.

Die Stärke der Benz-Wagen kehrte sich allerdings bald zur Schwäche um: Carl Benz wollte sehr zuverlässige, nicht allzu schnelle Fahrzeuge bauen. Doch stärker motorisierte und preisgünstigere Fahrzeuge vor allem aus Frankreich waren nach 1900 erfolgreicher als die Benz-Modelle. Gottlieb Daimler und sein Chefkonstrukteur Wilhelm Maybach konstruierten überdies 1900 den Mercedes 35 PS, dessen Bauweise Experten als das erste Automobil der Moderne bewerten. Gegen ihn erschienen die Benz-Motorwagen – das Benz Velo leistete zu dieser Zeit drei PS – plötzlich wie von gestern. Mit dramatischen Folgen: 1901 entschieden sich weniger als 400 Kunden für einen Benz, 1902 brach der Automobilabsatz von Benz & Co. auf etwa 220 Fahrzeuge ein.

Da Carl Benz an seiner Philosophie festhielt, installierte der kaufmännische Vorstand ein neues Konstruktionsteam, das erfolgreichere Wagen bauen sollte. Im Zorn darüber verließ der Gründer im Januar 1903 sein eigenes Unternehmen. Es kam in diesen Pionierzeiten des Au-

tomobils nicht nur einmal vor, dass sich die engagierten Techniker mit ihren Kapitalgebern – Benz war seit 1899 eine AG –, überwarfen. Die Trennung dauerte zwar nicht lang, bahnte aber den Weg zu einem zweiten Automobilhersteller mit Namen Benz: Carl Benz gründete 1906 zusammen mit seinen Söhnen Eugen und Richard, die ebenfalls Benz & Co. den Rücken gekehrt hatten, in Ladenburg die Firma »Carl Benz Söhne«. Sie wollten eigentlich Sta-

**Carl Benz mit Ehefrau Bertha und den vier gemeinsamen Kindern im Jahr 1894.**

Siegen-Netphen-Deuz

Mit Benz & Co. einigte sich der Gründer nach relativ kurzer Zeit wieder – auch das war in dieser Zeit kein Einzelfall. 1904 ließ Benz sich in den Aufsichtsrat berufen, die erste Firmenkrise war überwunden. Er trug es mit, dass das Unternehmen immer leistungsstärkere und teurere Wagen entwickelte und man die Qualität der Benz-Wagen im Motorsport unter Beweis stellte – wovon Benz im Grunde seines Herzens wenig hielt. Spektakulärer Höhepunkt dieses Wettlaufs um Höchstleistungen war der Rennwagen Benz 200 PS von 1909, der in den USA den ehrfürchtigen Beinamen »Blitzen-Benz« erhielt. Sein Motor hatte die unspektakuläre Zylinderzahl vier, doch jeder dieser Zylinder hatte den gewaltigen Hubraum von über fünf Litern. 1911 wurde der Blitzen-Benz mit 228,1 km/h Geschwindigkeit gemessen, blieb acht Jahre lang das schnellste Landfahrzeug der Welt und war zu seiner Zeit etwa doppelt so schnell wie ein Flugzeug.

Carl Benz hat als Aufsichtsratsmitglied 1926 die Fusion mit der Daimler-Motoren-Gesellschaft zur Daimler-Benz AG erlebt. Beide Unternehmen waren nach der Inflationszeit an den Rand der wirtschaftlichen Existenz geraten und wurden auf Betreiben der Deutschen Bank zusammengeführt. Bis zu seinem Tod 1929 blieb Benz im Aufsichtsrat von Daimler-Benz und hat noch die ersten Modelle der neuen Marke Mercedes-Benz auf den Straßen gesehen.

**1895 lieferte Benz den ersten Motor-Omnibus der Welt aus.**

tionärmotoren für die Industrie herstellen, verlegten sich mangels Erfolg aber ebenfalls auf den Fahrzeugbau. Die Marke C. Benz Söhne hat allerdings nur etwa 300 Autos hergestellt und den Automobilbau 1924 wieder aufgegeben. Danach betätigte man sich als Automobilzulieferer. Als Firmenname ist C. Benz Söhne erst 2010 gelöscht worden; in der ehemaligen Ladenburger Fabrik befindet sich heute das private Automuseum Dr. Carl Benz.

**Fast jeder Baden-Württemberger hat schon einmal ein Fahrzeug des Herstellers Binz gesehen, doch meist, ohne es zu bemerken. Das Lorcher Unternehmen baut Spezialfahrzeuge auf den Chassis bekannter Automobilmarken. Seit 2009 führt Binz auch ein eigenes Markenzeichen.**

Ganz ehrlich, man mag sich nicht in jedem Binz-Fahrzeug als Passagier vorstellen. Das Unternehmen in Lorch ist ein Spezialist für Sanitäts- und Bestattungsfahrzeuge. Aber eben nicht nur: Bei Binz entstehen auch verlängerte Limousinen und Geländewagen, in der Regel von Mercedes-Benz-Modellen. Die Daimler-Motoren-Gesellschaft in Untertürkheim, aus der später Daimler-Benz wurde, war schon eine Station

der Berufslaufbahn des Firmengründers Michael Binz gewesen. Der 1884 in Franken geborene Sohn einer Bauernfamilie lernte zunächst Kutschenbauer, also Wagner. Bei Daimler arbeitete er von 1906 bis 1919 in der Stell-

**Binz ist unter anderem auf Bestattungsfahrzeuge spezialisiert.**

macherei, wie man den Karosseriebau nannte. Als er 1936 sein eigenes Unternehmen gründete, war er bereits ein gestandener Mann von 52 Jahren, der es bis zum Werkleiter einer Heilbronner Karosseriebaufirma gebracht hatte. Mitarbeiter aus Lorch hatten ihn darauf aufmerksam gemacht, dass in ihrer Stadt ein Werksgelände brachliege. Binz begann seinen eigenen Betrieb mit vier Mitarbeitern, drei Jahre später beschäftigte er schon fast 100 Menschen. Seine Reputation in der Branche und die nach wie vor guten Beziehungen zu Mercedes-Benz waren Binz' bestes Startkapital.

In den ersten Jahren lieferte Binz Lastwagenaufbauten an Mercedes-Benz, im Zweiten Weltkrieg an das Militär. Nach dem Krieg blieben Nutzfahrzeuge das wichtigste Geschäft. Vor allem Fahrerhäuser und Kleinlastwagen-Aufbauten für den Hersteller Gutbrod in Plochingen und Calw lasteten von 1949 bis 1953 die Beschäftigung von bis zu 350 Mitarbeitern in Lorch fast komplett aus. Für den Transporter Gutbrod Atlas fertigte Binz neben Standardkarosserien auch Krankenwagen, Bestattungs-

fahrzeuge, Lieferwagen für Eis und Backwaren. Der wichtigste Auftraggeber Gutbrod (Seite 65) verschwand allerdings 1954 vom Markt. Binz überstand den Verlust des Großkunden schnell, wandte sich wieder Spezialversionen von Mercedes-Benz-Fahrzeugen zu und stellte außerdem VW-Pritschenwagen mit Doppelkabine her, die im Sortiment des als VW-Bus bekannt gewordenen Modells nicht ab Werk erhältlich waren. Vorübergehend hat Binz von 1954 bis 1958 auch Motorroller hergestellt, für die mit dem Slogan »Kunz und Hinz fährt Binz« geworben wurde.

Die unter Fachleuten »Ponton-Mercedes« genannte Limousinenbaureihe von Mercedes-Benz bahnte den Weg zur engen Zusammenarbeit mit dem Autohersteller. Mercedes-Benz lieferte zwei- oder viertürige Fahrgestelle mit Teilkarosserie an Karosseriebetriebe wie Binz, welche sie mit Spezialaufbauten versahen. In Lorch entstanden von dieser Mercedes-Benz-Baureihe vor allem so genannte Kombinations- oder Stationswagen. Mit anderen Worten: Binz hat Mercedes-Benz-Kombis schon zwei Jahrzehnte lang gebaut, bevor die Untertürkheimer erstmals selbst in dieses Geschäft einstiegen. Solche Stationswagen baute Binz ab 1955 auch zu Krankenwagen aus. Außerdem nutzten die Kundendienste der Mercedes-Benz-Werkstätten die praktischen und geräumigen Binz-Kombis als Servicefahrzeuge, sie wurden an Gewerbetreibende verkauft und schließlich von Binz auch für Bestattungsunternehmen ausgerüstet. Ebenfalls aus dem Daimler-Benz-Konzern stammte die Basis für Sanitätsfahrzeuge, welche die Bundeswehr ab Mitte der 1950er-

**Die Binz-Aufbauten entstehen in handwerklicher Arbeit.**

**binz** *der kleine Roller für Sie allein!*

*Kunz und Hinz fährt* **binz**

**Man baute vor allem auf Mercedes-Benz-Modellen auf und bot in den 1950ern auch Motorroller an.**

Jahre bei Binz bestellte: Es waren Aufbauten für geländegängige Unimog-Fahrzeuge.

Stretch-Limousinen – die korrekte Bezeichnung lautet verlängerte Limousinen – sind zu einer weiteren Spezialität von Binz geworden. Auch in diesem Metier nimmt man in Lorch vorwiegend Mercedes-Benz-Modelle als Grundlage und kooperiert seit 1966 partnerschaftlich mit der großen Automobilmarke. 2002 und 2003 hat Binz

außerdem für die Daimler-Marke Smart 2000 Stück des Crossblade hergestellt – eine extrem sportliche Version des Zweisitzers ohne Dach und Frontscheibe, mit schmalen Seitenstreben anstelle von Türen.

Seit 2009 bietet Binz seine Fahrzeugflotte auch unter eigenem Markennamen an, ist also einer der jüngsten Automobilhersteller in Baden-Württemberg. Die Jahresproduktion des Spezialanbieters aus Lorch liegt bei etwa 1500 Stück.

**Die Geschichte des Automobilbaus hat große Erfolge und große Pleiten gesehen. Aber auch kleine Skurrilitäten. Wobei »klein« ziemlich genau das beschreibt, was sich der Einzelgänger Egon Brütsch in den 1950er-Jahren vorgenommen hatte: Er wollte die kleinsten Autos auf dem Markt bauen.**

Der Begriff Auto wäre für Egon Brütschs Vehikel allerdings ziemlich dick aufgetragen: Sie rollten auf Sackkarrenrädern, hatten meist nur drei davon und wurden von Motorsägen-Zweitaktern angetrieben. Immerhin – sie fuhren. Eine richtige Fabrikation des Herstellers gab es nie: Der ehemalige Rennfahrer baute seine Entwürfe in einer Hinterhofwerkstatt nahe der Stuttgarter Innenstadt zusammen und fuhr mit ihnen durch die Lande, um sie auf Messen oder bei Interessenten anzubieten.

Egon Brütsch, geboren 1904, stammte aus einer Fabrikantenfamilie, die ihren Wohlstand der Herstellung von Damenstrümpfen auf der Schwäbischen Alb verdankte. Seinen Lebensunterhalt ernsthaft bestreiten musste er wohl nie. In Fachkreisen wurde er zunächst als Rennfahrer bekannt: Von 1929 bis 1931 startete er bei Motorradrennen, später bei Autorennen. In der Nachkriegszeit, als das Tauschgeschäft blühte, wurden Damenstrümpfe Brütschs beste Währung. Mit ihnen erkaufte er sich einen Maserati-Motor, ließ sich ein Rennwagen-Chassis bauen und starte-

*Egon Brütsch konstruierte leichtgewichtige Kleinstwagen.*

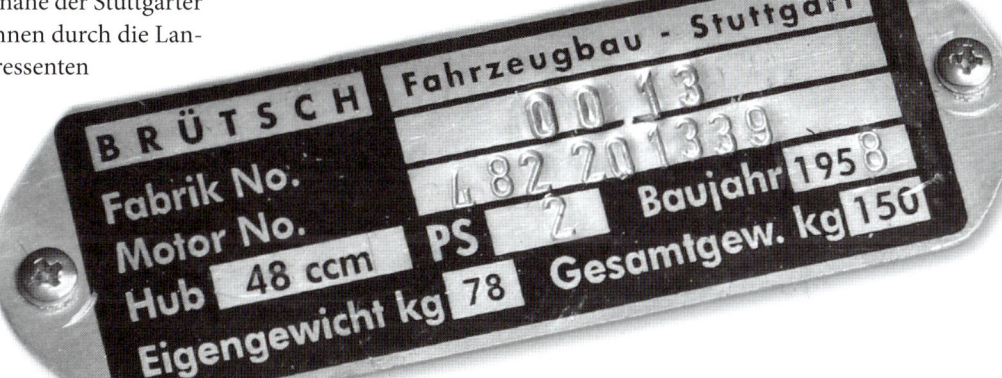

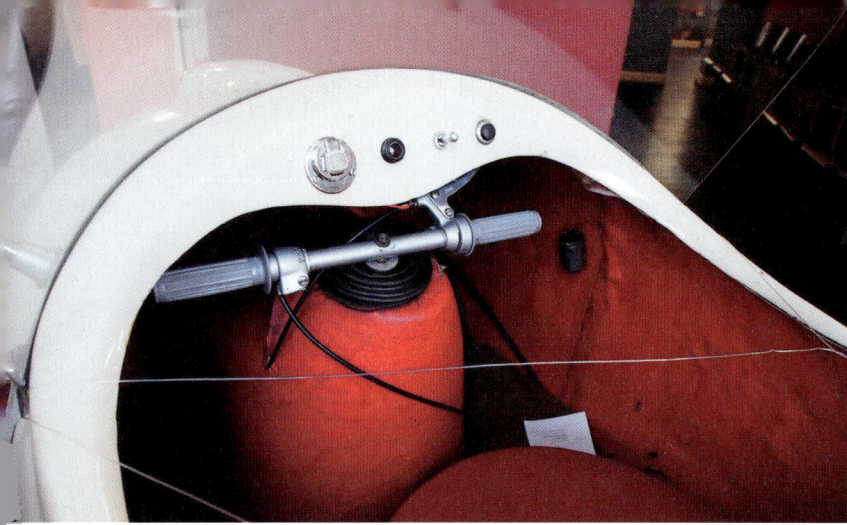

**Kaum Fußraum im Brütsch Mopetta.**

**Gegenüberliegende Seite: Der Spatz brachte Egon Brütsch (Bildmitte) vor Gericht.**

te mit seinem EBS-Maserati (EBS stand für »Egon Brütsch Stuttgart«) bei kleineren und einigen großen Rennen. 1949 sahen ihm 300 000 Menschen auf dem Stuttgarter Solitude-Kurs zu, als er in seiner Klassenwertung Dritter wurde. Allerdings erreichten nur zwei Wagen das Ziel. Brütsch wurde der dritte Platz zugesprochen, da er unter den Ausgeschiedenen am längsten im Rennen war. Es heißt, mit Damenstrümpfen habe er auch einen Omnibus bezahlt, in dem er seinen EBS-Maserati an die Rennstrecke brachte und in welchem er Freunde und Fans bewirtete. Die Konkurrenz soll diese Auftritte spöttisch als »Circus Brütsch« bezeichnet haben.

Über die Person Egon Brütsch weiß man nur noch wenig. Ehemalige Nachbarn in der Stuttgarter Altenbergstraße schildern ihn als umgänglich; anderen blieb eine gewisse Großspurigkeit im Gedächtnis. Seine Aktivitäten im Kleinstwagenbau und die wenigen Dokumente, die überliefert sind, legen nahe, dass es ihm an Selbstvertrauen nicht gemangelt hat. Brütschs Idee, kleine und preiswerte Fahrzeuge zu bauen, passte durchaus in die Zeit: In den Jahren vor 1955 versuchten viele Kleinunternehmen, den Wunsch nach Automobilität für möglichst wenig Geld zu erfüllen. Der Ein-Mann-Unternehmer gab seinen Modellen niedliche Namen: Ein früher Prototyp hieß Eremit, ihm folgten die Typen Spatz, Zwerg und Mopetta. Allen Brütsch-Entwürfen gemeinsam waren die simple Konstruktion, eine zweiteilige Kunststoffkarosserie und ein kleiner Zweitakt-Motor mit einem Zylinder. Die meisten dieser Modelle hatten drei Räder.

Der 1954 von Brütsch entwickelte Spatz brachte es unter den Markennamen Victoria Spatz und Victoria 250 sogar auf nennenswerte Produktionszahlen. Seinem Erfinder brachte der Spatz allerdings nur Ärger. Brütsch hatte 1955 die Rechte am Kleinwagen an den bayerischen Fabrikanten Harald Friedrich verkauft, der nach einem neuen Geschäftsfeld suchte. Für 20 000 D-Mark und einen Lizenzvertrag überließ der Konstrukteur dem Interessenten seinen Prototyp. Auf Probefahrten stellte der Käufer rasch fest, dass die Bauweise völlig unzureichend war: Brütsch hatte den Wagen rahmenlos gefertigt und die drei Räder unmittelbar an der unteren Kunststoffschale befestigt. Im Fahrbetrieb auf der Straße klafften nach kürzester Zeit große Risse im Boden. Friedrich ließ den Wagen mit einem Stahlrahmen und nun vier Rädern neu konstruieren und fertigte ihn von 1956 bis 1958 zusammen mit den Nürnberger Victoria-Werken. In einem teils öffentlich ausgetragenen Rechtsstreit attestierten die Gerichte später, dass Brütschs Entwurf verkehrsuntauglich gewesen und dass der Lizenzvertrag nichtig war.

Verkehrsuntauglich waren streng genommen viele Brütsch-Entwürfe: Die Scheinwerfergläser waren nur Attrappen; für ein Licht wäre in den Winzlingen gar kein Platz gewesen. Auch das dreirädrige Mopetta, das nach dem verlorenen Rechtsstreit entstand, erzählt eine skurrile Geschichte. Um auf der Internationalen Fahrrad- und Motorradausstellung (IFMA) 1956 etwas zeigen zu können, nahm

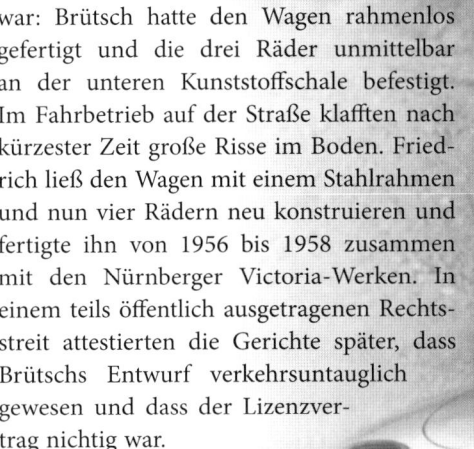

**Auch kleine Sport-wagen wollte der Einzelgänger unter die Leute bringen.**

Brütsch sich das allerkleinste Auto der Welt vor. An eine rundliche Kunststoffkarosserie setzte er drei kleine Räder, ohne dass das Modell bereits einen Motor und technische Bauteile gehabt hätte. Die Präsentation war geschickt und das Interesse groß, denn das Fahrzeug sollte laut Herstel-ler nur 750 D-Mark kosten, steuer- und versicherungsfrei und sogar schwimmfähig sein. Letzteres hätte garantiert nie funktioniert, denn der seitlich angebaute Einzylindermo-

tor hätte erstens Wasser geschluckt und zweitens das Mopetta zum Kentern gebracht. Nach der Ausstellung machte Brütsch sich daran, das Dreirad zu motorisieren. »Da staunt der Fachmann«, schrieb im Mai 1957 die Zeitschrift *Roller, Mobil und Kleinwagen,* als das erste Fahrzeug fertig war, »aber immerhin ist wirklich zu bewundern, mit welcher Zähigkeit Herr Brütsch an seinen Projekten arbeitet und es ihm gelingt, trotz aller Schwierigkeiten immer wieder etwas auf die Räder zu heben.«

Im Sommer 1957 zog Brütsch los, um für sein Mopetta zu werben. Zwei davon passten auf das Wagendach seines Autos, zwei zog er auf einem Anhänger mit – ein Anblick, der Aufmerksamkeit garantierte. Auch beim Frankfurter Automobilhändler Georg von Opel, Enkel des Autofabrikanten Adam Opel. Denn Brütsch wollte nicht selbst produzieren, sondern seine Ideen gewinnbringend verkaufen. Georg von Opel stellte in Aussicht, das preiswerte Mobil für einfachste Ansprüche unter dem Markennamen Opelit beim hessischen Zweiradhersteller Horex bauen zu lassen. Von 100 000 Stück war die Rede. Die Horex-Techniker machten sich mit dem Mopetta vertraut, schlugen Verbesserungen vor, die zwar den Preis erhöhten, dennoch schien das Projekt auf gutem Weg. Bis Georg von Opel aus, so hieß es, juristischen Gründen ausstieg und das Geschäft platzen ließ.

Brütsch hat insgesamt 14 Mopettas gebaut, die höchste Stückzahl unter allen seinen Modellen. Nach dem Mo-

petta versuchte er sich noch an weiteren Typen, von denen insgesamt 40 Stück entstanden. 1958 gab er den Bau von Kleinwagen auf. Anwohner erzählten, dass er in Stuttgart alles stehen und liegen ließ, halbfertige Kunststoffkarosserien noch jahrelang über das Grundstück verteilt waren. Danach hat Egon Brütsch sich mit der Konstruktion von Kleinsthäusern aus Kunststoff beschäftigt, vermutlich für Garten- und Wochenendgrundstücke. Ob je eines davon verkauft wurde, weiß man nicht.

**Mit 14 Stück war das Mopetta Brütschs meistgebautes Modell.**

# Carthago

**Dieser Markenname klingt spannend: nach Reise, Abenteuer und fernen Ländern. Und genau das ist sein Zweck: spannend klingen. Erfunden hat die Marke Carthago der Firmengründer Karl-Heinz Schuler.**

**Seitenmitte: Ein aktuelles Mittelklasse-Reisemobil aus Aulendorf.**

**Karl-Heinz Schuler ist Gründer und Inhaber von Carthago.**

Der Markt für Reisemobile und Wohnwagen wird dominiert von großen Firmengruppen. Die größte dieser Großen ist die Erwin Hymer Group mit Stammsitz in Bad Waldsee, die alleine zehn Marken führt. Und doch ist in Baden-Württemberg Platz geblieben für einen unabhängigen Hersteller, nur zufällig in unmittelbarer räumlicher Nähe zum Wohnmobilriesen Hymer. Die Geschichte der Marke Carthago hat 1979 in Ravensburg begonnen.

Der Beginn dieser Geschichte war recht beiläufig. Karl-Heinz Schuler, der an der Hochschule Reutlingen kurz vor seinem Studienabschluss als Wirtschaftsingenieur stand, streifte durch die Stadt. An einer Reutlinger Straßenecke entdeckte er einen zum Camping-Fahrzeug ausgebauten VW-Transporter, betrachtete sich den Wagen näher und dachte: »Das geht besser.« Damit war die Geschäftsidee geboren,

mit der sich Schuler 1979 in Ravensburg selbstständig machte: Carthago bot bezahlbare Innenausbauten verschiedener Transporter-Basismodelle zu Freizeitfahrzeugen an. Den Markennamen Carthago wählte der Gründer wegen seiner schönen Phonetik und des exotischen Beiklangs. Das Unternehmen ist rasch von drei auf zehn Mitarbeiter gewachsen und konzentrierte sich auf Ausbauten von VW-Transportern. Sein erstes Erfolgsmodell hieß Carthago Malibu und brachte die Firma nach wenigen Jahren zu Produktionszahlen von etwa 1000 Fahrzeugen jährlich.

In den 1990er-Jahren nahm Carthago auch die Wohnmobil-Oberklasse ins Visier, wurde vom Ausbauer zum Aufbauhersteller. 1997 verwendete man erstmals einen Mercedes-Benz-Transporter als Basis für ein Reisemobil mit Alkoven, also einem Schlafplatz, der sich teils über der Fahrerkabine befindet. Ende der 1990er-Jahre beschäftigte der Alleininhaber Karl-Heinz Schuler schon gut 100 Mitarbeiter. Carthago war mittlerweile zur europäischen Nummer 2 auf dem Markt der preiswerten Freizeitfahrzeuge vom Typ Malibu gewachsen. Trotz

anhaltenden Erfolgs verabschiedete sich die Marke nach dem Jahr 2000 aus diesem Marktsegment, um ausschließlich größere und hochwertigere Modelle zu produzieren.

Eines dieser Modelle trug den Namen Chic und schlug so gut ein, dass Carthago in Ravensburg ein zweites Werk einrichtete und 2008 eine weitere Produktionsstätte in Slowenien baute. Fünf Jahre danach gab es erneut den Einzug in neue Räume, als der Standort Ravensburg für das Wachstum der Marke zu klein geworden war. Carthago hat in Aulendorf – ebenfalls in Rufweite des Hymer-Imperiums – seine neue Firmenzentrale mit Produktion, Ausstellung, Service-Center und selbstverständlich einem gut ausgestatteten Stellplatz für Besucher gebaut, die im eigenen Reisemobil kommen. Ebenfalls 2013 hat Karl-Heinz Schuler den Produktnamen Malibu reaktiviert, nun als Zweitmar-

Mit Umbauten von VW-Modellen hat die Firmengeschichte begonnen.

Gegenüberliegende Seite: Seit 2013 befindet sich der Firmensitz in Aulendorf.

ke, um wieder die Preis- und Leistungsklasse unterhalb der Carthago-Modelle zu bedienen.

Vom 1979 gegründeten Handwerksbetrieb ist Carthago zum aktuell größten konzernunabhängigen Reisemobilhersteller Europas gewachsen. Mehr als 1100 Mitarbeiter bauen an zwei Fertigungsstandorten etwa 2500 Reisemobile pro Jahr; Carthago bietet mehr als zehn verschiedene Modelle an.

# Champion, Maico

**Den Kleinstwagen mit dem meisterlichen Namen haben nacheinander mehrere Hersteller angeboten, keiner von ihnen ist mit dem Champion glücklich geworden – er war ein Flop, kein Sieger.**

**Vom Typ 500 Sport-Cabriolet wurden nur vier Stück gebaut.**

**Gegenüberliegende Seite: In den 1950er-Jahren keimten viele Autoträume.**

Der Automobilzulieferer ZF Friedrichshafen hat tatsächlich selbst einmal Autos gebaut. Allerdings nur ein paar und hat die Idee dann veräußert. Das Konzept lag 1946 auf der Hand: ein einfaches, erschwingliches, mehr als zweirädriges Fortbewegungsmittel für jedermann. Davon träumten viele in den ersten Jahren nach dem Zweiten Weltkrieg und bis zum Wirtschaftswunder, das dann auch die Autos ins Rollen brachte. Anfang 1946 sind im 1915 als Zahnradfabrik gegründeten Unternehmen Zeichnungen eines Kleinstwagens angefertigt worden, angetrieben von einem Motorradmotor. Das Motörchen mit 200 Kubikzentimeter Hubraum leistete knapp fünf PS. Der Zweisitzer maß etwa zwei Meter in der Länge und war leer 170 Kilogramm leicht. In Friedrichshafen entstanden im Sommer 1946 einige wenige Vorserienmodelle, doch man entschied, nicht in die Serienproduktion einzusteigen.

**Maico in Pfäffingen setzte seine Hoffnung ins Automobilgeschäft.**

Der Ingenieur, Transportunternehmer und Hobby-Rennfahrer Hermann Holbein übernahm von ZF Friedrichshafen die Vorarbeit, gründete in Herrlingen bei Ulm die Firma Hermann-Holbein-Fahrzeugbau und machte sich daran, das Projekt Champion produktionsreif zu machen. 1949 stellte er seinen Champion CH 2 vor, dessen Motor nun knapp sieben PS leistete. Attraktiv war das Modell vor allem für Menschen mit Zweiradführerschein, denn man hätte es ohne weitere Fahrprüfung benutzen können. Allerdings fehlte es dem Einzelgänger Holbein an den finanziellen Mitteln, eine Serienproduktion einzurichten.

Im Juli 1950 fand Holbein einen Partner: Der Bielefelder Industrielle Helmut Benteler wurde auf das Kleinwagenprojekt aufmerksam und stieg ein. Die Produktion zog von Herrlingen nach Paderborn. Die Firma hieß nun Champion-Automobilbau GmbH, die Serienmodelle trugen die Namen Champion 250 und

Champion 250 S (wie Sport) – Letzterer leistete mit immer noch einem Motorradzylinder gut zehn PS und wurde 75 km/h schnell. Als Zweizylindermodell kam Anfang 1951 der leistungsstärkere Champion 400 hinzu, der leer etwa 500 Kilogramm wog und knapp unter 4000 D-Mark kostete. Die gut 1000 D-Mark billigeren Einzylindermodelle hatten sich im Alltag als zu schwachbrüstig erwiesen und blieben an starken Steigungen gern einmal liegen. Ihre Fertigung endete mit dem Start des Champion 400. Glücklich sind beide Partner in dieser Firma nicht geworden. Hermann Holbein trennte sich schon im März 1951 vom Unternehmen, und Helmut Benteler verkaufte es 1952 weiter. Eindeutige Quellen gibt es nicht mehr, doch etwa 2000 Champion-Fahrzeuge dürften in dieser Zeit entstanden sein.

Als Helmut Benteler im Oktober 1952 die Lust am Kleinwagen verloren hatte, sprang die Rheinische Automobil-Fabrik Hennhöfer in

Ludwigshafen ein. Hennhöfer war bis dahin Champion-Händler gewesen. Die Fabrik produzierte den Champion 400 weiter, bis er vom 400 H abgelöst wurde. Das H stand für den neuen Motorenlieferanten Heinkel, dessen 400-Kubik-Motor nun etwa 15 PS leistete und den Champion

90 km/h schnell machte. Außerdem lancierte der neue Eigentümer den viersitzigen Kombi Champion 500 G. Das alles hatte allerdings nur knapp ein Jahr Bestand: Im November 1953 hatten sich nach knapp 1700 hergestellten Autos etwa 1,2 Millionen D-Mark Schulden angehäuft, und das

**Zehn Jahre lang boten verschiedene Hersteller das Modell Champion an.**

**Das Ur-Modell von ZF Friedrichshafen.**

aus Pfäffingen im Ammertal hatte sich aus der Konkursmasse die Montageeinrichtungen und Rechte gesichert. Die Nachfrage nach Zweirädern sank, und Maico wollte nun ins florierende Auto-Geschäft einsteigen. Da es sich bei den Maico-Autos um die Fortsetzung des Champion-Konzepts handelt, wird die Geschichte der Automobilmarke Maico an dieser Stelle erzählt. Man produzierte das zweisitzige Modell von September 1955 bis Juni 1956 als Maico MC 400/H weiter. In viersitziger Ausführung folgten 1956 die Modelle MC 400/4 und MC 500/4. Außerdem wurden einige Exemplare eines Sport-Cabriolets gebaut. Doch auch Maico hatte sich mit dem Champion finanziell übernommen und musste im Frühjahr 1958 wegen Zahlungsunfähigkeit den Automobilbau aufgeben. Damit war die unglückliche Geschichte des Kleinwagens Champion endgültig zu Ende. Es sind wohl knapp 5000 zweisitzige Champion-Modelle diverser Hersteller entstanden, von den viersitzigen Maico-Modellen etwa 6000.

Was für das Scheitern des verlustreichen Champion vermutlich viel ursächlicher ist als die Odyssee durch viele Hände: In Wolfsburg liefen in diesen Jahren die Fließbänder für den VW Käfer heiß. Im August 1955 wurde der einmillionste Käfer ausgeliefert. Ein Käfer kostete wie ein Champion-Viersitzer um die 4000 D-Mark, bot aber Großserienqualität, ein rasch wachsendes Kundendienstnetz und deutlich mehr Auto.

Unternehmen gab auf. Nun übernahm der Däne Henning Thorndal, ebenfalls in Ludwigshafen. Er ließ 1954 für einige Monate die Produktion von etwa 300 Fahrzeugen anlaufen, um sich dann unter Zurücklassen hoher Schulden in die Schweiz abzusetzen.

Der Champion 400 H wanderte wieder zurück nach Baden-Württemberg: Der Motorradhersteller Maico

**Gottlieb Daimler ist als Pionier des Automobils eine Weltberühmtheit. Dass gar nicht so viele Fahrzeugtypen seinen Namen tragen, liegt daran, dass das in Cannstatt bei Stuttgart gegründete Unternehmen schon seit 1902 den Markennamen Mercedes verwendete.**

Die Marke Mercedes, wie die Fahrzeugtypen bis zur Fusion mit Benz im Jahr 1926 hießen, ist im Motorsport geboren. Unter dem Pseudonym »Mercédès« hatte Daimlers erster Großkunde Emil Jellinek, ein Wiener Geschäftsmann und Diplomat mit europaweiten Beziehungen, Daimler-Wagen zu den ersten Autorennen angemeldet, die um 1900 in Nizza stattfanden. Mercédès war der Name von Jellineks erster Tochter, und es war nicht unüblich, sich für den Motorsport ein Pseudonym zuzulegen: Autorennen galten als ziemlich verrückt, und nicht jeder Teilnehmer wollte, dass Freunde oder Familie in der Zeitung lasen, dass man ebenfalls zu diesen Verrückten zählte. Vielleicht war das Kalkül Jellineks auch nüchterner: Die Fahrer, die Gottlieb Daimler zusammen mit seinen Autos nach Nizza entsandte – ausgewählte Fahrzeugmeister aus seiner Werkstatt – trugen unglamouröse deutsche Namen wie Bauer, Braun oder Werner.

Jellinek trieb Daimler zu leistungsstarken Wettbewerbsfahrzeugen. Er war der Ansicht, dass Rennsiege weltberühmt machen, und dass Kunden die Fahrzeuge einer siegreichen Marke begehrenswert finden. Damit lag er richtig, Daimler hat von dieser Art Marketing profitiert. 1900 wurde das erste Mercedes-Modell lanciert, seit 1902 wurde der Markenname durchgängig verwendet. In den 1920er-Jahren bot

**Seitenmitte: Gottlieb Daimler im Alter von etwa 30 Jahren.**

**Drei Jahre nach Firmengründung posieren die Arbeiter der »Montirung« fürs Foto.**

die Daimler-Motoren-Gesellschaft als erster Automobilhersteller der Welt leistungsstarke Kompressormotoren an, und die repräsentativen Limousinen jener Ära trugen ihren Teil dazu bei, dass die Marke Mercedes zum Synonym für sportliche Erfolge, feine Motorentechnik und einen gewissen Luxus wurde.

Das alles war natürlich längst nicht abzusehen, als der 1834 in Schorndorf geborene Gottlieb Daimler sei-

**Drei Jahre nach Firmengründung posieren die Arbeiter der »Montirung« fürs Foto.**

Montirung
1893

DAIMLER-MOTOREN-GESELLSCHAFT-CANNSTATT

nen langen Berufsweg begann. Schon seine technische Ausbildung dauerte 14 Jahre. Auf eine Lehre als Büchsenmacher in Schorndorf folgte der Besuch der Gewerblichen Fortbildungsschule in Stuttgart, wo der württembergische Wirtschaftsförderer Ferdinand von Steinbeis auf ihn aufmerksam wurde. Württemberg wollte sich vom Agrarstaat zu einer Industrieregion wandeln, und heimischer Nachwuchs war gesucht. Daimler hatte Talent zum Ingenieur und wurde von Steinbeis auf eine lange Ausbildungsreise ins Elsass und nach England geschickt. Doch anders als von seinen Förderern erhofft, hatte Gottlieb Daimler keine Ambitionen auf zeitgenössische Technik wie Dampfkraft und Eisenbahn. Ihn faszinierten die neuen Verbrennungsmotoren, die er als Antriebe für Fortbewegungsmittel nutzbar machen wollte: zu Lande, zu Wasser und in der Luft. Auch dieser Weg war lang: Als im Jahr 1886 die erste Daimler-Motorkutsche fuhr, war ihr Initiator

Die Mercedes-Simplex-Modelle läuteten nach 1900 die Moderne ein.

schon 52 Jahre alt. Auf diesem Weg hatte ihn seit über 20 Jahren Wilhelm Maybach begleitet, sein kongenialer technischer Partner, der denselben Traum hatte.

1886 ist auch das Jahr, in dem der Mannheimer Carl Benz (Seite 27) etwa 130 Kilometer von Stuttgart ent-

fernt ein »Fahrzeug mit Gasmotorenbetrieb« zum Patent anmeldete: das Geburtsjahr des modernen Automobils, erfunden von zwei (genauer drei, denn ohne Wilhelm Maybach wäre Daimler nicht ans Ziel gekommen) Männern, die einander nicht kannten. Und die sich vermutlich nie begegnet sind. 1897 waren Daimler und Benz zeitgleich auf einer Veranstaltung zugegen. Es ist nicht dokumentiert, ob sie einander grüßten oder ein Gespräch hatten. Wäre es so gewesen, hätte es einer der beiden vermutlich erwähnt.

Obwohl die 1890 vor allem zum Bau von Fahrzeugen in Cannstatt gegründete und 1904 nach Untertürkheim umgesiedelte Daimler-Motoren-Gesellschaft (DMG) Daimlers Namen trug, hatte er es dort nicht leicht. Als Techniker fehlten ihm die finanziellen Mittel, um ein produzierendes Unternehmen allein aufzubauen. Deshalb holte er Geldgeber ins Unternehmen, die nicht alle seine Ideen wirtschaftlich aussichtsreich fanden. Zunächst bekam Wilhelm Maybach nicht den ihm eigentlich zugesicherten Vertrag und verließ schon 1891 das Unternehmen wieder. 1894 drängten die Miteigentümer sogar Daimler selbst aus der Gesellschaft und nötigten ihn, seine Beteiligung weit unter Wert zu verkaufen.

Dass der DMG der Verlust ihrer führenden Techniker nur schaden konnte, erscheint rückblickend zwangsläufig. 1895 wurden Daimler und Maybach ins Unternehmen zurückgeholt. Grund: Eine britische Industriellengruppe machte ein lukratives Angebot, Lizenzen zum Bau von Daimler-patentierten Motoren in England zu erwerben. Ihre Bedingung war, Daimler und Maybach wieder bei der DMG zu beschäftigen, da nur diese beiden die Motorenentwicklung beherrschten. Die Lizenzgesellschaft Daimler Motor Company in Coventry ist der Grund, wieso es beinahe 100 Jahre lang britische Automobile mit dem Markennamen Daimler gab. Zuletzt nutzte der Hersteller Jaguar die Namensrechte an Daimler für besonders hochwertig motorisierte und ausgestattete Limousinen. Eine Verwechslungsgefahr mit den deutschen Fabrikaten gab es nicht, da die Daimler-Motoren-Gesellschaft ihre Fahrzeuge ja unter dem Markenamen Mercedes anbot. Gottlieb Daimler ist am 6. März 1900 gestorben und hat das erste Mercedes-Modell nicht mehr gesehen, es wurde erst in der zweiten Jahreshälfte des Jahres 1900 gebaut. Seine Idee eines universell einsetzbaren Antriebs hatte für ihn aber sichtbar schon Gestalt bekommen. 1896 rollte der erste Daimler-Lastwagen, 1897 das erste Daimler-Taxi. Vor 1900 gab es Eisenbahntriebwagen mit Daimler-Motoren, und in die Luft gingen sie auch schon: 1899 lieferte Daimler die Motoren für das neuartige Luftschiff des Grafen Zeppelin, das gerade im Bau war.

# Drauz

**Die Karosseriewerke Drauz hatten rund 60 Jahre lang einen guten Namen im baden-württembergischen Fahrzeugbau. Sie haben Karosserien für Automobilhersteller gefertigt und Busse unter dem eigenen Markennamen angeboten.**

*Drauz baute Reisebusse im typischen 1950er-Jahre-Stil.*

Dass die Industrie- und Hafenstadt Heilbronn zusammen mit dem benachbarten Neckarsulm einmal ein bedeutendes Zentrum der Automobilindustrie mit mehreren produzierenden Betrieben war, ist heute fast vergessen. Fiat und NSU (Seiten 100 und 104) haben Pkw hergestellt, die Karosseriewerke Weinsberg (Seite 160) waren ein wichtiger Partner dieser Marken. Drögmöller (Seite 60) hat in Heilbronn Busse gebaut, und da waren noch die Drauz-Werke.

Begonnen hat deren Geschichte im Jahr 1900. Der aus einer Heilbronner Weingärtnerfamilie stammende Wagnermeister Gustav Drauz gründete in seiner Heimatstadt einen Karosseriebetrieb, um Pferdefuhrwerke herzustellen. Schon im ersten Jahrzehnt seines Bestehens hat Drauz zusätzlich Karosserien für Automobile und Aufbauten für Omnibusse angeboten. Eine erste Serienfertigung fand auf Fahrgestellen von Benz statt, bevor die Marke NSU, die um 1906 in den Automobilbau einstieg, erstmals Karosserien bei Drauz bestellte.

Nach dem Ersten Weltkrieg wurde Drauz bekannt für hochwertige Cabriolets, die man im Auftrag von Fahrzeugmarken wie Adler, Fiat und NSU baute. Auch Einzelanfertigungen auf Kundenwunsch waren im Programm, denn sie waren vorteilhaft für das Renommee des Unternehmens, das sich rasch einen guten

Ruf erworben hatte. Drauz ging früh zur Fließbandfertigung über, mit der sich der Sohn des Firmengründers, der 1925 in die Geschäftsleitung eingestiegene Walter Drauz, bei einer Studienreise in die USA vertraut gemacht hatte. Von 1930 an arbeitete Drauz eng mit den Kölner Ford-Werken zusammen, die die Produktion in Deutschland aufgenommen hatten. Dazu richtete das Heilbronner Unternehmen Niederlassungen in Köln und Berlin ein, um die Ford-Aufträge effektiv zu bearbeiten.

1937 begann Drauz außerdem mit der Herstellung von Omnibussen und Anhängern in großen Stückzahlen.

Wie viele Heilbronner Unternehmen wurde Drauz von den alliierten Fliegerangriffen auf die Stadt hart getroffen. 1944 sind die Werksanlagen durch ein Bombardement vollständig zerstört worden.

Nach dem Wiederauf-

**Für Porsche stellte man in Heilbronn Roadster-Karosserien her.**

**Für die kurzlebige Marke Röhr lieferte Drauz die Limousinen-Aufbauten.**

bau ging die Automobilfertigung mit Karosserien für etablierte Kunden wie Ford und NSU weiter, dazu kamen neue Kunden wie DKW und Porsche. Die Jahresproduktion von Drauz lag bis Anfang der 1960er-Jahre bei gut 2000 Stück. Daneben nahm auch das Busgeschäft Fahrt auf. 1951 stellte Drauz nahezu zeitgleich mit dem Ulmer Hersteller Kässbohrer einen Omnibus mit selbsttragender Karosserie vor, den man zusammen mit dem Flugzeugkonstrukteur Heinrich Focke in Leichtbauweise entwickelt hatte. Dieser stromlinienförmige Bus mit Ford-Technik wurde mit einem Markenzeichen ausgeliefert, das aus den Emblemen von Drauz und den Ford-Werken Köln bestand. Ab 1955 bot Drauz dann Busse aus komplett eigener Entwicklung an. Erstes Modell war der Typ Drauz 43. Auch in den Bau elektrisch betriebener Oberleitungsomnibusse sind die Heilbronner in den 1950er-Jahren eingestiegen.

Dann allerdings deutete sich ein Umbruch in der Automobilindustrie an: Sowohl die Pkw-Hersteller wie auch die Busproduzenten vergaben zunehmend weniger Aufträge an Montagepartner. Drauz stieg wegen nachlassender Nachfrage zunächst aus dem Oberleitungsbusgeschäft aus, 1962 folgte das Produktionsende für Diesel-Omnibusse. 1965 hat Drauz schließlich sein Karosseriewerk an NSU verkauft. Die Neckarsulmer Marke plante, mit Wankelmotor-Fahrzeugen den Markt zu erobern, und suchte nach Produktionskapazitäten. Mit dem Verkauf seines Karosseriewerks verabschiedete Drauz sich als Fahrzeug-

hersteller vom Markt. NSU wiederum geriet wenig später wegen des Flops der Wankelmotor-Modelle in die Krise, wurde 1969 vom Volkswagen-Konzern übernommen und mit der Marke Audi fusioniert. Heute ist Audi der einzige bedeutende von einst mehreren Fahrzeugherstellern der Region Heilbronn.

**Benz-Omnibus mit Drauz-Karosserie für Heilbronn.**

# Drögmöller

**Gotthard Drögmöller hatte seine Ausbildung zum Stellmachermeister und Karosserie-bautechniker in Mecklenburg absolviert. 1920 hat er in Heilbronn einen Karosserie-baubetrieb gegründet und sich bald auf Omnibusse spezialisiert. Sein Motto: »Man will nicht der Größte sein, dafür aber der Beste.«**

**Seitenmitte: Firmengründer Gotthard Drögmöller.**

**Gegenüber-liegende Seite: Die Heilbronner galten als Nobelhersteller von Reisebussen.**

Die Berufsbezeichnung Stellmacher ist das norddeutsche Pendant zum süd-deutschen Wagner, also Wagenbauer. Als Gotthard Drögmöller sich 1920 mit sei-nem Handwerksbetrieb selbstständig machte, war er einer von vielen, die Pkw-Karosseri-en auf Kundenwunsch anfertigten. Zweites Standbein von Drögmöller waren Pritschen-aufbauten für Lastwagen. Um 1930 entschied das Unternehmen aber, sich komplett auf den Bau von Reisebussen, später auch von Nahverkehrsbussen zu spezialisieren.

Die seinerzeit neue Diesel-Motorentechnik hatte in den 1920er-Jahren den Markt für Lkw und Omnibusse in Schwung gebracht. Aufbauten für das zunehmend populä-re Verkehrsmittel Omnibus waren nach 1930 also ein loh-nenswertes Geschäftsfeld. Seinen ersten Omnibus baute Drögmöller auf einem Fahrgestell von Ford auf. Das Fahr-zeug war noch so konstruiert, dass der Fahr-gastraum bei Bedarf gegen eine Lkw-Pritsche getauscht werden konnte. Diese Zweifach-Option für Nutzfahrzeuge war damals üblich, hatte allerdings zur Folge, dass die Fahrerka-bine vom Passagierabteil getrennt war. Auch der Einstieg war für die Fahrgäste wegen des großen Abstands zum Boden etwas mühsam. Das änderte sich rasch mit den nachfolgen-den Modellen, für die Drögmöller Fahrgestel-le von Marken wie Mercedes-Benz, Opel oder den Ulmer Magirus-Werken verwendete.

In den 1930er-Jahren kam die Stromlinienform in Mode. Zwar waren die Karosserien nicht wirklich aero-dynamisch oder im Windkanal getestet. Doch sie sahen schnittig aus und waren modern. Drögmöller nahm diesen Trend auf und baute Omnibusse, die zu den formschöns-ten jener Zeit gehören. Von 1937 bis 1941 bot man ein

**Rohbau eines Reisebusses.**

Modell auf Basis des 100 PS starken Omnibus-Chassis O 3750 von Mercedes-Benz an, das auch heute noch begeistern könnte: abgerundete Motorhaube, schnittige Linienführung an Kotflügeln und Heck; ein komfortabler Reisewagen mit bequemen Ledersitzen, großen Seitenscheiben, Dachrandverglasung und großem Kofferraum im Stromlinien-Heck. Immerhin 85 km/h schnell konnte solch ein Reisebus fahren, der sich auf den neuen Autobahnen jener Zeit gut machte. Daimler-Benz war vom Drögmöller-Design so überzeugt, dass der Konzern den weltweiten Export dieser Baureihe unterstützte. Sie gelangte bis nach Afrika, Südamerika und in den arabischen Raum.

Heilbronn ist im Zweiten Weltkrieg besonders stark durch Bombardements zerstört worden. Auch nahezu alle Drögmöller-Gebäude waren bis Kriegsende unbrauchbar geworden. Dennoch schaffte der Omnibushersteller 1947 den Neuanfang und stellte bald die Produktion auf Ganzstahlkarosserien um. Davor hatten Busaufbauten – wie auch zeitgenössische Eisenbahnwaggons – meist aus einem Holzrahmen bestanden, der mit Stahlblech beplankt wurde. Als die Deutschen in den 1950er-Jahren das Reisen neu für sich entdeckten, brachten sie die Reisebus-Branche zum Blühen. Die Fahrzeug-Konzerne lieferten dazu neu entwickelte Chassis und Motoren. Während Busse aus den frühen 1950er-Jahren noch durch ihre langen Motorhauben charakterisiert wurden, veränderten sich zur Mitte des Jahrzehnts die Bus-Gesichter: Die Motoren wanderten zur Hinterachse, die Fahrzeugfront wurde zur planen Fläche, und der Fahrgastraum reichte über die gesamte Länge des Busses. So ist es bis heute geblieben.

Als Firmengründer Gotthard Drögmöller 1957 im Alter von 72 Jahren starb, übernahm sein Schwiegersohn die Unternehmensleitung. 1965 baute Drögmöller den ersten Bus, der abgesehen von den zugekauften Mercedes-Benz-Aggregaten komplett selbst gefertigt wurde. Der kleine, elegante Reisebus wurde auf der Internationalen Automobilausstellung in Frankfurt am Main prompt zum schönsten Omnibus aus deutscher Produktion gekürt. Die Typenbezeichnung lautete DR 35; DR stand für Drögmöller-Eigenbau, die Zahl für das Sitzplatzangebot. 1973 stellte man einen Nachfolger der DR-35-Baureihe vor, der »DR 256« genannt wurde. Die Zahl stand ab diesem Zeitpunkt für die Leistung des eingebauten Motors in PS. Kurz darauf änderte sich die Typologie der Drögmöller-

Busse noch einmal: Statt DR wurde nun E wie Eigenbau verwendet, die Ziffer hinter dem Buchstaben beschrieb weiterhin die Motorleistung in PS, etwa beim E 300 von 1978. Parallel zum eigenen Programm lieferte Drögmöller weiterhin Aufbauten auf Fahrwerke der Industrie; seit 1965 verwendete man ausschließlich Mercedes-Benz-Chassis. Der Anteil von Eigenbauten und von Bussen mit zugelieferten Fahrwerken hielt sich stets etwa die Waage.

**Ein Doppeldecker aus den 1980er-Jahren.**

**Stromlinien waren der letzte Schrei der 1930er.**

Die Reisebusse aus Heilbronn waren in der Branche für hohe Qualität und viele patentierte Innovationen bekannt. Den Oberklasse-Anspruch unterstrichen auch die Baureihen-Bezeichnungen wie Europullman, Comet oder Super-Comet. Von außen waren die Luxusreisebusse der 1980er- und 1990er-Jahre an der ansteigenden Linie der Seitenfenster zu erkennen, der ein Höhenunterschied im Fahrgastraum entsprach. Diese so genannte »Theaterbestuhlung« mit ansteigenden Sitzreihen versprach bestmögliche Rundumsicht auf allen Plätzen.

1994 haben die Drögmöller-Inhaberinnen – zwei Töchter des Firmengründers – die Busproduktion an den schwedischen Volvo-Konzern verkauft. Volvo versprach sich vom Kauf des renommierten Oberklasse-Herstellers ein Sprungbrett in den lukrativen deutschen Reisebus-Markt. Doch weil die Pläne des Großkonzerns nicht aufgingen, wurde die Busproduktion schrittweise nach Polen verlagert. 2005 wurde in Heilbronn der letzte von etwa 3500 Drögmöller-Omnibussen seit 1930 gebaut.

**Wilhelm Gutbrod war ein Selfmade-Mann, der sich aus einfachen Verhältnissen zum Ingenieur emporarbeitete. Autos und Lieferwagen seines Unternehmens wurden unter den Markennamen Standard und Gutbrod angeboten.**

Der spätere Gründer der Standard Fahrzeugfabrik in Ludwigsburg ist 1890 als Sohn eines Gerlinger Landwirts geboren worden. Talent und Fleiß erlaubten es ihm, nach einer Lehre als Dreher und Werkzeugmacher ein Maschinenbaustudium aufzunehmen. Seine Abschlussarbeit war 1919 der Entwurf eines Motorrads mit Zweitaktmotor. 1926 machte sich Wilhelm Gutbrod, der Berufserfahrung unter anderem bei Bosch in Stuttgart und Kaelble in Backnang gesammelt hatte, gemeinsam mit dem kaufmännischen Leiter seines letzten Arbeitgebers selbstständig. Die beiden gründeten, zunächst in einem ehemaligen Kasernengebäude in Ludwigsburg, die Standard Fahrzeugfabrik, um Motorräder herzustellen.

**Der Kleintransporter Atlas war ein Erfolgsmodell.**

**Der Superior war ein moderner Kleinwagen.**

1926 waren Automobile zwar etabliert, doch für viele Menschen ein unerfüllbarer Traum. Je nach Wirtschaftslage der zwischen Inflation und Aufschwung, Aufbruchsstimmung und Depression bewegten 1920er-Jahre verfügten zwischen zwei und etwa fünf Prozent der Bevölkerung über genügend Einkommen, sich ein Auto zu leisten. Wer ohne das nötige Geld mobil sein wollte, hatte als erreichbarere Alternative ein motorisiertes Zweirad. Ausgehend von seiner Studienarbeit entwickelte Gutbrod ein Programm mittlerer und schwerer Motorräder, die sich rasch einen guten Namen machten. Auch forcierten die Standard-Werke den Einsatz in Motorradrennen, um Werbung für die Marke zu machen.

Um 1930 wurde der Gedanke eines Volkswagens populär: eines preiswerten Automobils, das für größere Teile der Bevölkerung erschwinglich war. Das schien auch Gutbrod aussichtsreich, der sich sorgte, als Motorradbauer die Zukunft zu verpassen.

Platz genug für uns vier

im schnellsten und billigsten

deutschen Volkswagen

STANDARD „SUPERIOR"

Nur noch RM. 1590.- ab Werk

**Gutbrod** Atlas 800   GANZ WIE SEIN NAME SAGT: EIN GUTER, STARKER HELFER!

1933 zog die Fahrzeugfabrik in ein neues, größeres Werk nach Stuttgart-Feuerbach und stellte ihr erstes Automobil vor, um das Sortiment zu erweitern. Der Standard Superior kam der Idee eines Volkswagens ziemlich nahe: Mit 3,30 Metern Länge war der Zweisitzer mit abfallendem Heck sehr kompakt. Der in zwei Ausführungen angebotene Motor war einfach, preiswert und robust: ein Zweizylinder-Zweitaktmotor über der Hinterachse mit wahlweise 12 oder 16 PS Leistung – typisch für ein Fabrikat, das von einem Motorradhersteller kam. Die Presse nahm die Standard-Modelle wohlwollend auf, der Markt weniger. Während Standard den Superior nach handwerklicher Art fertigte, boten Opel und DKW schon industriell gefertigte Kleinwagen an, die kaum teurer waren, für die es aber ein dichtes Netz von Händlern und Werkstätten gab. So sind insgesamt nur etwa 400 Stück vom Standard Superior entstanden, die Produktion wurde Ende 1934 wieder eingestellt. Immerhin machte dies die Standard Fahrzeugfabrik für kurze Zeit zum zweitgrößten Automobilhersteller Stuttgarts hinter Mercedes-Benz, die Marke Porsche gab es ja noch nicht. Außerdem war Standard wohl der erste Hersteller, der sein Produkt ausdrücklich als Volkswagen bewarb.

**Links: In den 1930er-Jahren verwendete man den Markennamen Standard.**

**Rechts: Zeitgenössische Werbung für die Gutbrod-Transporter.**

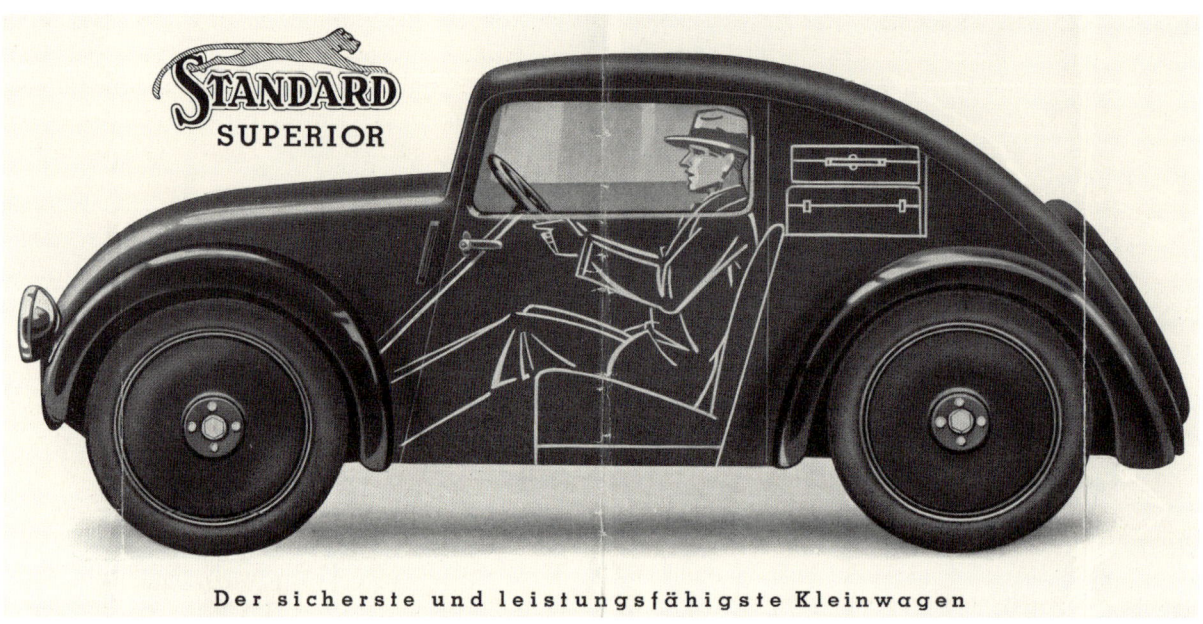

STANDARD
SUPERIOR

Der sicherste und leistungsfähigste Kleinwagen

**Das Kleinwagen-projekt der 1930er-Jahre blieb glücklos.**

Man gab den Fahrzeugbau aber nicht auf, sondern versuchte es mit Lieferwagen und Lasten-Dreirädern. Dieses Sortiment war erfolgreich: Die Robustheit und Einfachheit, die eigentlich den Standard Superior hätten voranbringen sollen, machten nun die kleinen Nutzfahrzeuge beliebt. Die ersten Modelle hießen »Merkur« und »Progress« und trugen ihren Teil dazu bei, dass die Fer-

tigung 1937 erneut in ein größeres Werk umzog: nach Plochingen am Neckar. Dort begann man als weiteres Geschäftsfeld Motormäher herzustellen, und war erster deutscher Hersteller solcher Geräte.

Nach dem Zweiten Weltkrieg wurde die Produktion der Standard-Motorräder, die bis 1940 gelaufen war, nicht wieder aufgenommen. Nachdem Unternehmensgründer

Wilhelm Gutbrod 1948 gestorben war, führte sein ältester Sohn Walter die Firma und brachte den Kleinwagen Superior zurück: nun als Gutbrod Superior. Auch die Herstellung von Lieferwagen und Landtechnik lief wieder an. Der 1950 vorgestellte Superior war zu seiner Zeit ein moderner Kleinwagen und in der 1951 vorgestellten Version Superior Luxus 700 E sogar eine technische Neuheit. Sein Zweitaktmotor mit leistungssteigernder Direkteinspritzung geht auf das Konto des Ingenieurs Hans Scherenberg, der von 1935 bis 1945 für Daimler-Benz Flugmotoren entwickelt hatte. Für Flugzeuge ist die Benzindirekteinspritzung erfunden worden. Da die Alliierten die Arbeit an Flugmotoren in Deutschland nicht erlaubten, kam Scherenberg 1948 zu Gutbrod, wo er den weltweit ersten serienmäßig hergestellten PKW mit Benzindirekteinspritzung entwarf: eben jenen Gutbrod Superior 700 E. 1952 kehrte der Ingenieur zur Marke Mercedes-Benz zurück, deren Sportwagen 300 SL zwei Jahre später ebenfalls mit einer Direkteinspritzung brillierte.

Dem Gutbrod Superior hat die technische Ausnahmestellung wenig genutzt. Die Kapitalausstattung des nach dem Krieg wieder aufgebauten Unternehmens war zu mager für den Automobilbau in größerem Stil, den Walter Gutbrod plante. Wegen Zahlungsunfähigkeit endete schon zur Jahreswende 1953/1954 die Fahrzeugproduktion in den Werken Plochingen und Calw wieder, sie wurden geschlossen. Zwischen 1950 und 1954 sind etwa 8000 Gutbrod Superior-Modelle gebaut worden, dazu etwa 10 000 Kleintransporter vom Typ Atlas. Was blieb, war der 1950 eingerichtete Mäher- und Landmaschinenbetrieb im saarländischen Bübingen. Dort lebt die Gartengeräte-Marke Gutbrod bis heute, seit 1996 als Tochter eines US-Konzerns.

**Ein wahres Einfachst-Automobil.**

# Hotzenblitz

**Viele reden heute vom Elektro-Auto, wenige benutzen bisher eines. Der Durchbruch der Elektromobilität scheint demnächst bevorzustehen – man wird sehen, ob es so kommt. Als Mitte der 1990er-Jahre das Elektro-Auto Hotzenblitz kam, war seine Zeit definitiv noch nicht reif.**

**Seitenmitte: Der Kofferraum war eine Schublade.**

**Gegenüberliegende Seite: Batteriefach unter den Sitzen.**

Der Hotzenblitz war das zeitgeistige Kind der 1980er-Jahre. Der Wohlstand in der Bundesrepublik Deutschland schien gesichert, dennoch war der Gesellschaft nicht wohl. Themen der Dekade waren Waldsterben, Umweltschutz, nukleare Aufrüstung und Kernkraft. Der Wunsch nach dem »Nicht-weiter so« hat die Grünen als politische Partei stark gemacht und an vielen Ecken der Gesellschaft zum Umdenken angeregt. Auch im 300-Seelen-Örtchen Ibach im heutigen Naturpark Südschwarzwald. Hier beschloss 1989 der Elektromeister Thomas Albiez zusammen mit einigen Ingenieuren, ein zeitgemäßes, umweltfreundliches Elektromobil zu konstruieren. Der Name Hotzenblitz war pfiffig: Ibach liegt im Hotzenwald, wie der südlichste Zipfel des Schwarzwalds heißt.

Blitz klingt dynamisch, und wenn man noch die Kinderbuchfigur des gutmütigen Räubers Hotzenplotz dazudenkt, kommt ein sympathischer Markenname heraus. Ganz im Stil der 1980er.

Auf die Sympathie vieler Menschen stieß auch das Konzept des Fahrzeugs: ein zweisitziges Elektromobil mit Kunststoffkarosserie, ordentlicher passiver Sicherheit und einer großflächigen Frontscheibe. Es war mit abnehmbarem Verdeck konstruiert, Kunden sollten zwischen stabilen Einstiegstüren oder Türen aus einem Textilmaterial wählen können, die man nach Art eines Buggy auch komplett entfernen konnte. Die technischen Daten erscheinen auch aus heutiger Sicht noch brauchbar: Das Leergewicht des Hotzenblitz lag – dominiert durch den Batteriesatz – bei 830 Kilogramm, die Leistung bei 16 PS. Die Höchstgeschwindigkeit wurde mit etwa 100 km/h angegeben, die Reichweite mit bis zu 70 Kilometern. An einer haushaltsüblichen Steckdose sollte die Ladezeit fünf bis sechs Stunden betragen.

Auch der Waldenbucher Schokoladenfabrikant Alfred Ritter fand Gefallen am sympathischen Projekt eines umweltfreundlichen Kleinstwagens und investierte in das 1990 gegründete Unternehmen. 1993 ist der Hotzenblitz auf der Internationalen Automobilausstellung in Frankfurt der Öffentlichkeit vorgestellt worden. Die Fertigung des Fahrzeugs war in einem eigens gegründeten Fahrzeugwerk in Suhl, Thüringen, vorgesehen. Bis 1996 sind dort auch tatsächlich etwa 140 Hotzenblitz-Elektromobile in handwerklicher Kleinserienproduktion entstanden. Dann allerdings kam das Aus des gut gemeinten Projekts: Der geplante Serienanlauf scheiterte an Finanzierungsproblemen.

Der Hotzenblitz war aus dem Ruder gelaufen. Ursprünglich sollte das Fahrzeug zu einem Preis von etwa 16 000 D-Mark angeboten werden, doch die Vorserienfahrzeuge waren doppelt so teuer geworden. Das Modell City mit festen Türen, Hardtop und einer schmalen zweiten Sitzbank kostete bis zu 54 000 D-Mark. Zu diesem Preis gab es anfangs der 1990er-Jahre einen soliden Wagen der oberen Mittelklasse. Die eigentlich vorgesehene moderne Batterietechnik kam nie zum Einsatz; im Hotzenblitz wurden klassische Blei-Akkumulatoren verwendet. Das machte den Wagen schwerer als ursprünglich geplant und nicht ganz so umweltfreundlich wie gewünscht. Völlig emissionsfrei wäre der Hotzenblitz zumindest im Winter ohnehin nicht unterwegs gewesen: Da Elektromotoren praktisch keine Wärme abgeben, war eine dieselbetriebene Zusatzheizung eingebaut. In der Praxis war diese aber zu schwach, um die große Frontscheibe zuverlässig gegen Beschlagen oder vor Frost zu schützen.

Nach der Insolvenz der Hotzenblitz Mobile GmbH gab es mehrere Versuche, ein weiterentwickeltes Modell auf den Markt zu bringen. Doch auch diese Initiativen führten nicht mehr zu einer Serienfertigung des gescheiterten Elektro-Autos, das so sympathisch und hoffnungsvoll gestartet war.

**Gegenüberliegende Seite: Eine kleine Fangemeinde pflegt ihre Hotzenblitze bis heute.**

# Hymer

**In den 1950er-Jahren erwachte in Deutschland die Reiselust. In Oberschwaben trafen sich zwei Ingenieure, die in der Flugzeugbranche gearbeitet hatten. Aus einem privaten Gedanken wurde eine Geschäftsidee: Wieso nicht auch im Urlaub sein Zuhause dabeihaben – auf Rädern?**

*Ein modernes Hymer-Exsis-Reisemobil.*

Die beiden Ingenieure hießen Erich Bachem und Erwin Hymer. Bachem, Jahrgang 1906, hatte als technischer Leiter beim Flugzeughersteller Fieseler gearbeitet, bevor er sich 1944 an die Entwicklung eines bemannten Raketenflugzeugs machte. Erwin Hymer, Jahrgang 1930, arbeitete nach seinem Maschinenbaustudium drei Jahre lang bei Dornier und kehrte 1956 in den Betrieb seines Vaters nach Bad Waldsee zurück. Alfons Hymer hatte seine Firma 1924 als Werkstatt für Wagen- und Karosseriebau gegründet.

Da Bachem und Hymer aus der Flugzeugindustrie kamen, kannten sie sich mit Leichtbaumaterialien aus. Das wurde zu einem ihrer Erfolgsfaktoren. Denn die ersten Wohnwagen, die 1957 aus ihrer Zusammenarbeit entstanden sind, mussten von Autos gezogen werden können, die ungefähr das Format eines VW Käfer und selten mehr als 30 PS Leistung im Motorraum hatten. Das reichte nur für ein paar Hundert Kilogramm Anhängelast. Entsprechend winzig waren die ersten Wohnanhänger aus Bad Waldsee, die putzige Namen wie Puck, Faun und Troll trugen. Den ersten Troll von 1957 hat Erwin Hymer auf den Wunsch von Erich Bachem konstruiert, der sich den Wohnwagen als privates Urlaubsmobil erdacht hatte. Dieser Vorläufer der späteren Wohnwagen bestand noch aus Sperrholz und beruhte auf einem Konzept Bachems aus den 1930er-Jahren.

Beide erkannten rasch, dass es eine große Nachfrage für solche Anhänger gab. Noch im gleichen Jahr gründeten sie die Wohnwagenmarke Eriba (benannt nach **Eri**ch **Ba**chem) und starteten die Serienfertigung. Hinter der niedlich anmutenden Fassade der rollenden Winzlinge steckte bald spezialisierte Leichtbautechnik: Das Gerippe bestand aus Stahlstreben, die innen

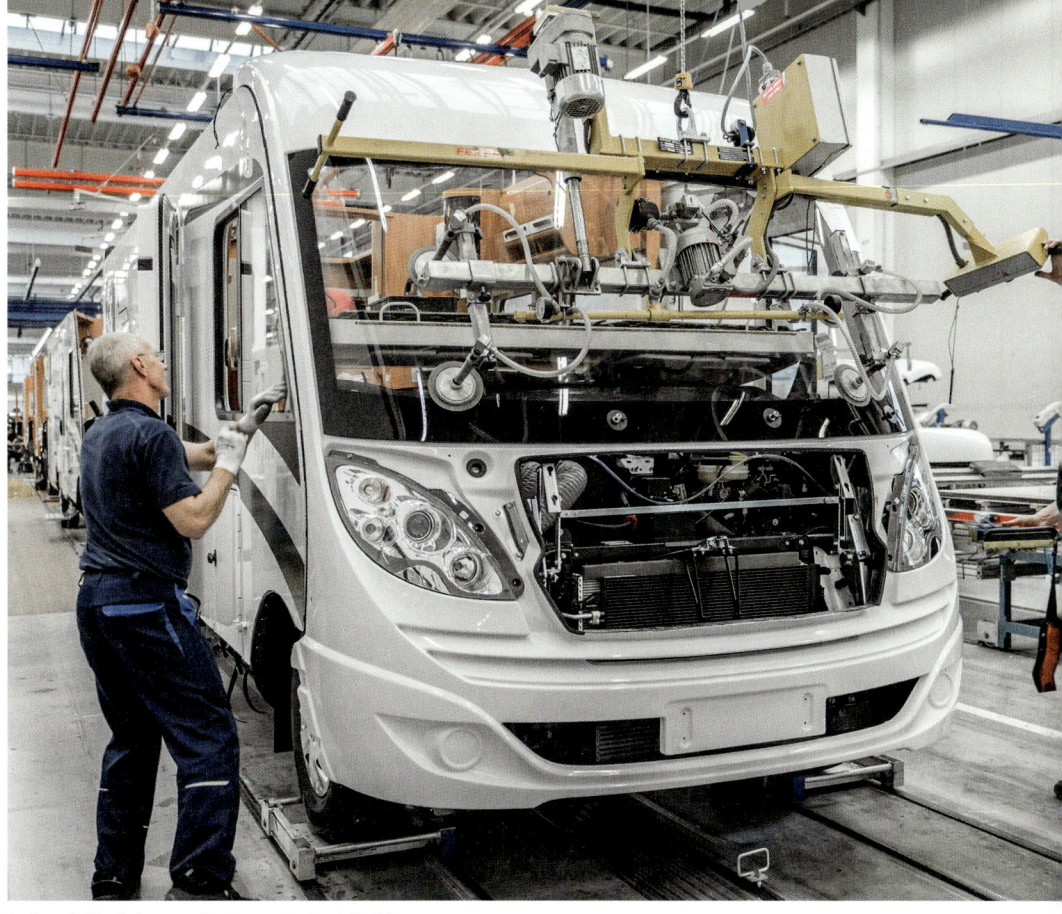

**Industrielle Fahrzeugfertigung in Bad Waldsee.**

mit Isoliermaterial gefüttert und außen mit Alumini-
umblech verkleidet wurden. Die möglichst aerodyna-
mische Form sollte den Zugfahrzeugen die Arbeit leicht
machen. Die Wohnwagenbauer setzten auch schon
früh glasfaserverstärkten Kunststoff (GfK) als Karosse-
riematerial ein. Nachdem sein Partner Erich Bachem
im März 1960 früh verstorben war, hat Erwin Hymer
das Unternehmen alleine und als Familienbetrieb wei-
tergeführt, es später vom Handwerks- zum Industriebetrieb entwickelt.

1961 stellte Hymer einen ersten Typ jener Fahrzeuge vor, mit denen man heute europäischer Marktführer
ist: ein Wohnmobil, aufgebaut auf einem Fahrgestell der
Transporter-Industrie. Der Caravano mit Fahrerkabine
und dahinterliegendem Wohnbereich hatte ein Hubdach
und basierte auf einem Borgward-Transporter. Weil der
Hersteller Borgward im selben Jahr wegen Konkurs die
Produktion einstellte, sind nur wenige Exemplare gebaut worden. Es dauerte weitere zehn Jahre, bis 1971 mit
dem Hymermobil auf Mercedes-Benz-Basis der Durchbruch für die Wohnmobile aus Bad Waldsee kam. Währenddessen hatte die Marke Eriba im Jahr 1966 ihren
10 000. Wohnwagen, im Branchenjargon als »Caravan«
bezeichnet, hergestellt.

2004 hat Hymer in Bad Waldsee das 100 000. Wohnmobil der Marke ausgeliefert. In den sechs Jahrzehnten
seit Unternehmensgründung ist aus dem Familienbetrieb

ein europaweit führender und produzierender Konzern für Freizeitfahrzeuge geworden. Zur Erwin Hymer Group gehören heute die Marken Bürstner, Carado, Dethleffs, Eriba, Etrusco, Hymer, Laika, LMC, Niesmann + Bischoff und Sunlight. Am Gründungsort Bad Waldsee fertigt die Marke Hymer mit gut 1000 Beschäftigten etwa 9000 Freizeitfahrzeuge pro Jahr: große Reisemobile, kleinere Campingbusse der Modellreihe Hymercar sowie Eriba-Caravans.

Erwin Hymer, der Namensgeber und Gründer des Freizeitmobil-Imperiums, schied 2007 nach 50 Jahren der Firmenleitung aus dem Tagesgeschäft aus. Im Oktober 2011 eröffnete er sein Markenmuseum, das sich an der Bundesstraße 30 bei Bad Waldsee, direkt gegenüber den Werkshallen des Herstellers, befindet. Das Ausstellungsmotto dort lautet »In 80 Wagen um die Welt«, bezogen auf die etwa 80 Exponate des Museums. Erwin Hymer ist im April 2013 im Alter von 82 Jahren gestorben.

**Wohnanhänger machten in den 1950ern Urlaubsträume wahr.**

# Kaelble

**Die Geschichte und die Ambition von Carl Kaelble erinnern ein wenig an die Anfänge des Unternehmens von Gottlieb Daimler. Doch das Backnanger Unternehmen ist nie so groß geworden wie Daimler und heute nur noch Historie.**

Gegenüberliegende Seite: Kaelble-Zugmaschinen für den Export in den 1960er-Jahren.

Der Mechaniker Gottfried Kälble hat 1884 in Cannstatt eine Reparaturwerkstatt für Gerberei- und Dampfmaschinen gegründet. 1890 ist er mit seinem Betrieb in die Gerberstadt Backnang umgezogen, um näher bei seinen Kunden zu arbeiten. 1895, sein ältester Sohn Carl nahm gerade ein Maschinenbaustudium in Stuttgart auf, änderte Gottfried Kälble den Familien- und Firmennamen in Kaelble, um internationale Kunden nicht mit dem deutschen Umlaut zu irritieren. Als am Ende des 19. Jahrhunderts die traditionelle Gerberei-Industrie lahmte, weitete Kaelble sein Programm auf den Maschinenbau aus und nannte sich nun »Maschinenfabrik C. Kaelble« – denn als Inhaberin firmierte Caroline Kaelble, die Ehefrau des Firmengründers. Im Jahr 1900 nahm der Sohn Carl Kaelble nach abgeschlossenem Studium seine Arbeit im elterlichen Betrieb auf und konnte das C im Firmennamen einfach stehenlassen, als er 1904 Nachfolger seines Vaters in der Geschäftsleitung wurde.

Carl Kaelble war besonders an den neuartigen Verbrennungsmotoren interessiert, die dabei waren, auch in der Industrie die Dampfmaschinen abzulösen. 1903 hat er seinen ersten selbst konstruierten schnelllaufenden Ottomotor fertiggestellt. Dies ist die eine Parallele zu Gottlieb Daimler, der sich anfangs als Motorenhersteller für vielfältige Nutzungen verstand. Die andere Parallele findet sich im Unternehmensmotto: »Wir haben nicht den Ehrgeiz, die Billigsten zu

**Die Z 6 R 3 A, genannt Jumbo, war die stärkste Zugmaschine der 1930er-Jahre.**

sein, aber die Besten wollen wir sein«, war lange Zeit der Leitsatz Kaelbles. Das erinnert an das daimlersche Motto »Das Beste oder nichts«, mit dem die Daimler AG heute wirbt. Dass dieser Satz wirklich von Gottlieb Daimler benutzt wurde, ist allerdings nicht historisch belegt.

Ausgestattet mit seinen neuen Verbrennungsmotoren nahm Carl Kaelble 1905 die Produktion von selbstfahrenden Steinbrechern für Steinbruchbetriebe auf. Von 1908 an baute er auch Motor-Straßenwalzen. Da die Kunden an das Aussehen von Dampfwalzen gewohnt waren, orien-

tierte sich Kaelble an deren Optik und setzte funktions-
lose Dampfdome auf den kesselförmigen Vorbau. Solche
Spezialfahrzeuge und Maschinen für das Baugewerbe haben Kaelble weltweit bekannt gemacht.

Doch in Backnang sind auch Lkw und Zugmaschinen
für die Straße gebaut worden, weshalb die Marke in diesem Buch ihren Platz hat. Der erste Kaelble-Lkw ist bereits
1907 entstanden, nachdem Carls jüngerer Bruder Hermann in die gemeinsame Leitung des Familienbetriebs
eingetreten war. Von 1908 an entwickelten die Kaelbles als
eines der ersten deutschen Unternehmen einen Dieselmotor. Das war weitsichtig, denn dieser robuste Motorentyp
setzte sich später in der Nutzfahrzeug-Branche durch. Allerdings brachte der Erste Weltkrieg eine Unterbrechung
dieser Arbeiten; Kaelble lieferte im Krieg Zugmaschinen
für das Heer und setzte Motoren der Luftwaffe instand.
Um den Kaelble-Dieselmotor ist nach 1921 ein kompli-
zierter Rechtsstreit mit Benz in Mannheim entbrannt,
da auch dort an einer fast identischen Technik gearbeitet
wurde. 1921 hat Kaelble einen ersten Bootsdiesel gebaut,
1924 die weltweit erste Diesel-Straßenwalze, 1925 die erste Zugmaschine mit Dieselmotor. Da das Unternehmen
den Verkauf von Dieselmotoren forcieren wollte, stiegen
Carl und Hermann Kaelble 1925 bei der Lokomotivfabrik
Gmeinder in Mosbach als Teilhaber ein, um den Markt
für Diesellokomotiven zu erschließen. 1942 hat Kaelble
Gmeinder komplett übernommen.

**Carl Kaelble in den 1930er-Jahren an seinem Schreibtisch.**

Kaelble-Lastkraftwagen    Typ K 652 LF

**Mit dem K 652 LF endete 1963 die Herstellung von Lastwagen bei Kaelble.**

Die Straßen-Zugmaschine vom Typ Z1 von 1925 war für Kaelble so erfolgreich, dass das Unternehmen in den 1930er-Jahren auf diese Entwicklung setzte und zunehmend stärker motorisierte Diesel-Lkw baute. Als die Deutsche Reichsbahn ein System einführte, Frachtkunden ohne eigenen Gleisanschluss mit Güterwagen per Straßentransport zu beliefern, wurde Kaelble Hauptlieferant der Staatsbahn. Beim so genannten System Culemeyer wurden die Waggons auf vielachsige, niedrige Transportanhänger rangiert und von den Kaelble-Lkw auf der Stra-ße zum Bestimmungsort gezogen. Spitzenprodukt dieser Entwicklung war 1937 die Zugmaschine Z 6 R 3A mit 180 bis 200 PS Leistung. Der zu seiner Zeit stärkste Straßen-Lkw der Welt wurde ehrfürchtig »Jumbo« genannt. Ein Jahr zuvor hatte Kaelble seinen ersten Lastwagen für den Fernverkehr auf den Markt gebracht.

Den Zweiten Weltkrieg haben das Unternehmen Carl Kaelble GmbH, wie es seit 1931 hieß, und die Stadt Backnang relativ unbeschadet überstanden. Die Regierung hatte Kaelble nicht mit kriegswichtiger Produktion beauftragt, so war man nicht Ziel von Bombenangriffen geworden. Kaelble hatte sich zunehmend auf schwere Maschinen spezialisiert – seit 1940 waren Planierraupen im Sortiment –, entsprechend gewichtig waren auch die Kaelble-Lkw. Das war in den Jahren des Wiederaufbaus kein Nachteil, als alles gebraucht wurde, das rollte und zog. Je stärker, je besser. In den 1950er-Jahren wendete sich das Blatt jedoch: Das Bundesverkehrsministerium beschränkte Gewichte und Maße von Lastwagen, und bei leichteren Lkw hatten andere Hersteller die Nase vorn. Außerdem konnte Kaelble als kleiner Hersteller nicht lange mit den günstigeren Preisen der Großserienhersteller konkurrieren: 1964 ist in Backnang der letzte Lastwagen produziert worden.

Kaelble verlegte sich auf Sonderfahrzeuge, vor allem für den Bausektor. Da der deutsche Markt begrenzt war, gewann der Export zunehmend an Bedeutung. Wichtige Absatzmärkte fand Kaelble im Nahen Osten, wo Öl gefördert und viel gebaut wurde. Ein Großauftrag des libyschen Militärs für 250 Panzertransporter-Zugmaschinen schien zunächst ein glänzendes Geschäft, leitete in Wahrheit aber das Ende des Backnanger Unternehmens ein. Zwar war die Beschäftigung für zwei Jahre gesichert, doch blieben keine Kapazitäten für die anderen Geschäftsbereiche übrig. Kaelble verlor angestammte Kunden und verkaufte Zug um Zug Unternehmensanteile an eine staatliche libysche Gesellschaft, die bis 1983 zum Hauptgesellschafter von Kaelble wurde. Das Handelsembargo gegen Li-

byen infolge des Lockerbie-Attentats von 1988 brachte nach dem Wegbrechen des wichtigsten Absatzmarkts das langsame Ende: Der Traditionshersteller ging 1996 in die Insolvenz. Den Markennamen Kaelble nutzt heute ein Baumaschinenhersteller, der Radlader in Südosteuropa produzieren lässt.

**Geländewagen-Prototyp für Libyen, Baujahr 1982.**

# Magirus

**Das Ulmer Unternehmen gehörte einmal zu den großen Nutzfahrzeugmarken in Deutschland. Heute besteht die Marke noch als Hersteller von Löschfahrzeugen und Feuerwehrgeräten im Iveco-Konzern.**

**Magirus-Aussichtsbus der 1930er-Jahre.**

Feuerwehr-Ausrüstungen standen schon ganz am Anfang der Magirus-Geschichte: Der Ulmer Kaufmann und Tüftler Conrad Dietrich Magirus war von der Bedeutung des Feuerwehrwesens so überzeugt, dass er es zu seiner Lebens- aufgabe machte. Zur Jugendzeit des 1824 geborenen Unternehmers gab es noch keine organisierten Feuerwehren. Wenn es brannte, liefen freiwillige Helfer zusammen und versuchten, den Brand zu löschen, so gut es ging. Ohne Koordination und ohne Qualifikation. Magirus organisierte in Ulm eine erste Freiwillige Feuerwehr, die gemeinsam übte, wurde Kommandant dieser Truppe und trug den Feuerwehr-Gedanken auch in andere Städte Württembergs.

Magirus existiert bis heute als Feuerwehrausrüster.

Um die neuen Feuerwehren mit Ausrüstung zu versorgen, gründete Magirus 1866 sein eigenes Unternehmen, die Feuerwehr-Requisiten-Fabrik C. D. Magirus. Eine seiner bedeutendsten Entwicklungen und Erfindungen war 1872 die erste fahrbare Feuerwehrleiter der Welt. Bis das Unternehmen Magirus, das der Gründer im Jahr 1887 an seine drei Söhne übergab, in die Produktion von Fahrzeugen einstieg, vergingen allerdings noch Jahrzehnte. Zwar wurden nach 1900 Motorfahrzeuge zunehmend populär, doch glaubte man, die explosionsgefährdeten Benzinmotoren seien ungeeignet für den Einsatz in der Nähe von Bränden: Die Magirus-Geräte wurden noch lange von Pferden gezogen und mit Dampfkraft betrieben.

Den Impuls zum Fahrzeugbau gab der Erste Weltkrieg. Die Militärverwaltung suchte nach Herstellern von Lkw und verpflichtete auch Magirus zur Produktion: Das

Unternehmen hatte Erfahrungen beim Bau von Fahrgestellen und Motoren für seine Feuerwehrgeräte. Nach
dem Krieg behielt Magirus die Lkw-Produktion bei und
stellte außerdem einen ersten Omnibus her. Dieses Fahrzeug, dessen Karosserie man beim Ulmer Spezialisten
Kässbohrer bauen ließ, kam so gut bei der Kundschaft an,
dass Omnibusse ins Magirus-Programm kamen.

Magirus war zwar ein großer Betrieb mit teils bis zu
3000 Beschäftigten, dennoch war die Arbeit überwiegend
handwerklich organisiert. Das war ein Grund dafür, dass
in der ersten Wachstumsphase nach dem Krieg die Motorenentwicklung versäumt wurde. Als stärkere Motoren
nachgefragt wurden, behalf sich Magirus mit Sechszylin-
dermotoren der Friedrichshafener Maybach-Werke, da
man keinen eigenen Sechszylinder herstellte. Allerdings
waren die Maybach-Motoren für die Kunden nicht sehr
wirtschaftlich, da sie zu viel Sprit schluckten. Auch Dieselmotoren, die sich in den 1920er-Jahren im Nutzfahr-
zeugsektor als kräftig und sparsam durchsetzten, konnte
Magirus nicht anbieten. Diese Defizite versuchte der Ulmer Hersteller zwar ab 1929 auszubügeln, musste seine
Investitionen jedoch durch Kredite finanzieren.

Das geschah ausgerechnet in einer Phase, als infolge der Weltwirtschaftskrise das Nutzfahrzeuggeschäft dramatisch nachließ. Die kreditgebenden Banken übernahmen bei Magirus zusehends das Sagen und präsentierten wenig später einen Fusionspartner: den Motorenhersteller Klöckner-Humboldt-Deutz AG in Köln. 1936 übernahm das Kölner Unternehmen die Ulmer Marke – unter Protest der Geschäftsleitung und des Aufsichtsrats von Magirus. 1940 strich man den Markennamen Magirus, die Modelle hießen nun Klöckner-Deutz. In Köln war man der Meinung, der Name der ältesten deutschen Motorenfabrik Deutz, wo auch die schwäbischen Automobilpioniere Gottlieb Daimler und Wilhelm Maybach zwischen 1872 und 1882 tätig gewesen waren, sei zugkräftiger. 1949 nahm man diesen Irrtum zurück; Magirus war die namhaftere Marke, und ihr Zeichen kehrte wieder auf die Fahrzeuge zurück: ein großes M wie Magirus, gestaltet in der Silhouette des

**In den 1950ern setzten sich Heckmotoren durch.**

**Links:** Der erste Magirus-Lkw aus dem Jahr 1917.

**Rechts:** Begonnen hat Magirus mit Feuerwehrgeräten.

Ulmer Münsters. Markenname der Fahrzeuge war nun Magirus-Deutz.

Wirtschaftlich war die Fusion erfolgreich: Magirus-Deutz überstand die 1930er-Jahre und erlebte nach 1949 seine beiden besten Jahrzehnte: Etwa 10 000 Lkw und 1000 Busse rollten jährlich von den Bändern. Deutz war ein bedeutender Produzent von Dieselmotoren, deren technische Eigenheit ihre Luftkühlung war. Das machte sie einerseits temperaturunempfindlich, es konnte ja kein Kühlwasser zu heiß werden oder gefrieren. Andererseits waren sie im Betrieb rau und laut, was in den Wiederaufbaujahren zunächst nicht störte. Als jedoch wirtschaftlichere, flüssigkeitsgekühlte Dieselmotoren den Markt eroberten, war der Boom der Deutz-Aggregate vorbei.

Zum zweiten Mal wurde Magirus wegen veralteter Motorentechnik zum Übernahmekandidaten. 1974 ging das Unternehmen eine Kooperation mit dem neu gegründeten Iveco-Konzern ein, der vom italienischen Autobauer Fiat angeführt wurde. 1983 wurde die Ulmer Nutzfahrzeugmarke in »Iveco Magirus« umbenannt. Heute ist die Herstellung von Lkw und Bussen der Marken Magirus, Magirus-Deutz und Iveco in Ulm Geschichte. Die Nutzfahrzeugfertigung ist 2012 nach Spanien verlagert worden. Im Gegenzug wurde die Entwicklung und Produktion von Löschfahrzeugen und Drehleitern in Ulm konzentriert. Die Feuerwehr-Fahrzeuge tragen die Schriftzüge von Iveco und von Magirus sowie ein neu gestaltetes Magirus-Markenzeichen.

**Dass dieser klangvolle Name in der Liste baden-württembergischer Automobilmarken vorkommt, scheint naheliegend. So selbstverständlich war es aber gar nicht, denn der Motorenhersteller Maybach hat in Friedrichshafen Automobile nur gebaut, weil er nach dem Ersten Weltkrieg keine Flugmotoren mehr herstellen durfte.**

Der 1846 in Heilbronn geborene Wilhelm Maybach ist einer der wichtigsten Geburtshelfer des Automobils. Seinen Namen sollte man in einem Atemzug mit Carl Benz und Gottlieb Daimler nennen, doch ist er der Öffentlichkeit weniger bekannt als die beiden. Wilhelm Maybach war mehr als 30 Jahre lang der zuverlässige Begleiter und Geschäftspartner des zwölf Jahre älteren Gottlieb Daimler. Sogar seine spätere Ehefrau lernte er wegen dieser Verbindung kennen – er traf sie auf Daimlers Hochzeit.

Die Verbindung der beiden Techniker auf dem Weg zum Automobil darf man sich so vorstellen: Daimler sprühte vor Ideen, und Maybach konstruierte aus diesen Ideen in geduldiger Kleinarbeit funktionierende Technik. Sein im Jahr 1900 entworfener Mercedes 35 PS gilt als das weltweit erste Automobil der Moderne. Hatten Motorfahrzeuge bis dahin ihre Ähnlichkeit mit Pferdewagen noch nicht ganz abgelegt, gab Maybach dem Automobil eine zukunftsweisende Form mit tiefem Fahrzeugschwerpunkt und vielen technischen Innovationen. Auch die Motorleistung des Mercedes 35 PS erschien zu dieser Zeit revolutionär: Benz in Mannheim baute zeitgleich Fahrzeuge mit drei bis maximal sechs PS. In Frankreich nannte man Maybach dafür respektvoll »roi des constructeurs« – König der Konstrukteure. Als Gottlieb Daimler im März 1900 kurz

vor seinem 66. Geburtstag starb, verlor Wilhelm Maybach seinen Fürsprecher in der Daimler-Motoren-Gesellschaft. Zwar waren seine Konstruktionen weiterhin wegweisend, doch nahm man ihm seinen Posten als Technischer Direktor der Gesellschaft weg und hielt ihn von der Weiterentwicklung der Mercedes-Motoren fern. 1907 hat Maybach die Daimler-Motoren-Gesellschaft verlassen. Währenddessen war sein 1879 geborener Sohn Karl Maybach Maschinenbauingenieur und ebenfalls Motorenkonstrukteur geworden. Er spezialisierte sich

auf Aggregate für die neuen Luftschiffe, deren Namensgeber Ferdinand Graf von Zeppelin ist. Zeppelin verlor im Sommer 1908 sein Luftschiff LZ 4 bei einer gescheiterten Landung in Echterdingen und warb öffentlich um technische und finanzielle Hilfe. Wilhelm Maybach bot an, ein Unternehmen für Motorenbau ins Leben zu rufen: Im März 1909 gründeten die beiden Männer die Luftfahrzeug-Motorenbau-GmbH in Bissingen bei Ludwigsburg und setzten Karl Maybach als Technischen Leiter ein. Zwei Jahre später ist

**Seitenmitte: Karl Maybach verantwortete den Automobilbau.**

**Maybach-Montage in Friedrichshafen.**

ein erstes Zeppelin-Luftschiff mit den neuen Maybach-Motoren gefahren.

Da das Kaiserreich die Luftfahrt militärisch genutzt hatte, verbot der Versailler Vertrag nach dem Ersten Weltkrieg die Produktion von Flugzeugen oder Luftschiffen in Deutschland. Die in »Maybach Motorenbau« umbenannte und nach Friedrichshafen umgesiedelte Firma von Wilhelm und Karl Maybach hatte ihren Geschäfts-

zweck verloren. Ähnlich erging es übrigens den Bayerischen Motorenwerken (BMW) in München, die bis 1918 ausschließlich Flugmotoren produziert hatten. Da Vater und Sohn Maybach exzellente Automobil-Expertise hatten, sattelten sie notgedrungen um: Die Automobilmarke Maybach entstand.

Maybach verstand sich auf leistungsstarke Motoren und setzte auch beim Automobilbau auf diese exklusive

**Das komplette Maybach-Sortiment auf einer Auto-Ausstellung 1934.**

Karte. Zunächst wollte Karl Maybach lediglich Motoren für die Automobilindustrie anbieten, entschied schließlich aber, fahrbereite Komplettfahrzeuge ohne Karosserie herzustellen. Spezialisierte Karosseriebaubetriebe machten aus diesen Chassis Oberklasse-Automobile nach Kundenwunsch. Das erste Sechszylindermodell von Maybach war im September 1921 verkaufsfertig. Spektakulär waren die luxuriösen Zwölfzylindermodelle, die ab 1929 angeboten wurden. Der Maybach 12 war das erste Serien-Automobil

der Welt mit V12-Motor und galt als das – bessere deutsche Pendant zu den britischen Rolls-Royce-Modellen. Das Debüt der Zwölfzylinder hat der kurz nach Weihnachten 1929 verstorbene Wilhelm Maybach noch erlebt. Von 1930 an trugen die Maybach-Zwölfzylinder die Zusatzbezeichnung »Zeppelin« – einerseits ein Rückbezug auf die Herkunft der Marke, vor allem aber eine Chiffre für Fortschritt und höchsten Reisekomfort, mit dem man die Zeppelin-Luftschiffe in diesem Jahrzehnt verband.

Einzige Ausnahme vom Prinzip, nur fahrfertige Chassis herzustellen, war das Modell DS 7 mit zwölf Zylindern und sieben Litern Hubraum, das Maybach 1930 in Zusammenarbeit mit dem Karosseriebauer Her-

**Ein Maybach Typ W 6 mit Karosserie von Spohn, Ravensburg.**

mann Spohn, Ravensburg, als komplettes Automobil angeboten hat. Ohnehin sind die meisten Maybach-Modelle von Spohn (Seite 133) karossiert worden, dessen Betrieb nur wenige Kilometer von den Maybach-Werken entfernt war. Doch hatten die Friedrichshafener Fahrzeuge ein so hohes Prestige, dass in den Referenzlisten praktisch aller namhaften Karosserieschneider jener Epoche auch ein paar Maybach-Modelle zu finden sind. Exklusiv war ein Maybach in jeder Hinsicht: Sein Kaufpreis entsprach dem eines schicken Hauses, und auch heute werden Maybach-Klassiker – sofern überhaupt verkäuflich – zu horrenden Preisen gehandelt. Insgesamt hat Maybach bis 1941, als die Automobilfertigung endete und man zur Rüstungsindustrie verpflichtet wurde, nur etwa 2300 Fahrzeuge gebaut.

Nach dem Zweiten Weltkrieg ist die Automobilproduktion nicht wieder aufgenommen worden. Karl Maybach ist 1952 altershalber aus dem Unternehmen ausgeschieden. 1960 schloss sich der Kreis zu Wilhelm und Karl Maybachs Wurzeln: Daimler-Benz übernahm die Maybach-Motorenbau GmbH, die zu dieser Zeit Großmotoren für Schienenfahrzeuge und Schiffe baute. Später ist die Konzerntochter in MTU Friedrichshafen umfirmiert worden und gehört heute zum Rolls-Royce-Konzern. Die Markenrechte an Maybach hat die heutige Daimler AG behalten. Nach einem missglückten Versuch, die Marke in den 2000er-Jahren wiederzubeleben, verwendet Daimler sie seit 2014 wieder: Luxuriös ausgestattete S-Klasse-Limousinen werden als Mercedes-Maybach-Modelle verkauft.

**Abholbereite Maybach-Zwölf-zylindermodelle vor der Zeppelin-Halle.**

# Mercedes-Benz

**Der Mercedes-Stern strahlt in diesem Jahrzehnt so hell wie schon lange nicht mehr. Und man könnte auf die Idee kommen, dies sei immer so gewesen. Doch der Anfang der Marke Mercedes-Benz liegt in einer Zeit wirtschaftlicher Not.**

*Ein aktuelles S-Klasse Cabriolet.*

Die 1920er-Jahre waren für die Menschen und die Wirtschaft in Deutschland ein turbulentes Jahrzehnt. Auch die Automobilindustrie erlebte ein ständiges Auf und Ab. Von den Folgen des Ersten Weltkriegs und des Versailler Vertrags hat sich Deutschland nur langsam erholt; Tiefpunkt dieser Nachkriegszeit war die Hyperinflation von 1923, als die Preise für das Lebensnotwendige in Milliarden Mark berechnet wurden und viele Betriebe ihre Arbeiter und Angestellten entließen. Mit Einführung erst der Rentenmark, dann 1924 der Reichsmark, beruhigte sich die Wirtschaft wieder. Es kam zu einem kurzen Aufschwung, der das Bild der »Goldenen Zwanziger« geprägt hat. Doch schon am Ende des

Jahrzehnts stand die nächste Wirtschaftskrise, die dieses Mal die ganze Welt erfasste.

Vor dieser Dekade hatten die Daimler-Motoren-Gesellschaft sowie Benz & Co. schon mehr als 30 Jahre lang jeder für sich erfolgreich Autos gebaut und sich einen Namen gemacht. Beide Unternehmen waren im Ersten Weltkrieg in die Rüstungswirtschaft eingebunden und fanden nur schwer den Weg zurück in die Zivilproduktion.

Erst um 1920 begannen Benz und Daimler wieder mit der Herstellung von Pkw und Lkw. Um den während des Krieges stark gewachsenen Belegschaften Arbeit zu geben, versuchte man sich zusätzlich auf anderen Feldern: Benz produzierte neben Autos auch Zugmaschinen und Ackerschlepper für die Landwirtschaft. Bei Daimler wurden in Sindelfingen aus den Holzbeständen des Flugzeugbaus Möbel hergestellt. In Untertürkheim lief die Produktion

**Der Typ S brachte in den 1920ern den Mercedes-Stern zum Strahlen.**

**Links: Der Mercedes-Benz 8/38 PS wurde als Typ Stuttgart bekannt.**

**Rechts: Der Typ Mannheim 370 leistete 75 PS.**

von DMG-Schreibmaschinen an, und das Werk Berlin-Marienfelde stellte Mercedes-Fahrräder her. Die Pläne für ein Daimler-Motorrad hatte man verworfen.

Erschwerend für die etablierten Automobilfabriken war, dass viele andere – große und kleine – Unternehmen nach neuen Betätigungsfeldern suchten und in den Fahrzeugbau einstiegen. Zwischen 1920 und 1924 bauten mehr als 120 deutsche Firmen Autos und Nutzfahrzeuge; die meisten Neueinsteiger verschwanden rasch wieder. Die wichtigsten baden-württembergischen Namen dieser Zeit finden sich im vorliegenden Buch, insbesondere im letzten Kapitel. 1924 war

die Zahl der deutschen Automobilhersteller schon wieder auf 67 zusammengeschmolzen, am Ende des Krisenjahrs 1929 waren es nur noch 29.

Auch Benz und Daimler gab es nicht mehr: Sie waren 1926 zur Daimler-Benz AG fusioniert, weil jedes Unternehmen für sich die Krisenjahre wohl nicht überstanden hätte. Zunächst hatten Daimler und Benz unter Vermittlung der Deutschen Bank ab 1924 eine Interessengemeinschaft gebildet, welche die Vertriebsorganisationen zusammenlegte und die Gewinnausschüttung anteilig regelte. Außerdem einigte man sich auf ein gemeinsames Typenprogramm: Die Benz-

Werke in Mannheim und Gaggenau sollten die kleineren Pkw-Modelle mit zwei Litern Hubraum und die Lkw unter vier Tonnen Gewicht bauen. Die Daimler-Werke in Untertürkheim und Berlin-Marienfelde waren für Pkw der Vier- und Sechsliter-Klasse sowie für Lkw über vier Tonnen Gewicht vorgesehen. Sindelfingen blieb weiterhin das Karosseriewerk von Daimler.

Die Aufteilung entsprach der Spezialisierung der beiden Unternehmen: Mercedes hatte bis 1924 vorwiegend Oberklasse-Pkw gebaut, Benz solide Gebrauchsfahrzeuge. Nach der Fusion Ende Juni 1926 ist es dann aber doch anders geregelt worden. Daimler als der kapitalstärkere Partner zog die Fertigung der kleineren Pkw nach Untertürkheim, Mannheim stellte die größeren Pkw her. Im März 1926 war sogar kurzzeitig erwogen worden, den Betrieb aller Werke vorübergehend einzustellen, weil der Automobilmarkt drastisch eingebrochen war. Im Jahr vor der Fusion hatte Benz etwas mehr als 7000 Beschäftigte und eine Jahresproduktion von etwa 3600 Fahrzeugen. Daimler beschäftigte 600 Menschen mehr als Benz, hatte aber nur etwa 2200 Fahrzeuge hergestellt. Am Ende des Fusionsjahrs 1926 hatten noch 10750 Menschen Arbeit in den Werken von Daimler-Benz. Die Jahresproduktion lag 1926 bei nur 3700 Fahrzeugen.

Erstmals ist die neue Marke Mercedes-Benz auf der Berliner Automobil-Ausstellung im Herbst 1926

**1930 wurde für die Sport-Ausführung des Typs Mannheim geworben.**

**Der 8/38 PS war der »kleine Mercedes-Benz«.**

**Gegenüberliegende Seite: Heute ist die A-Klasse das Einstiegsmodell der Pkw-Flotte.**

öffentlich aufgetreten. Ihre ersten beiden Pkw-Modelle hatten Motoren mit zwei bzw. drei Litern Hubraum.

Das Zwei-Liter-Modell wurde kurze Zeit später nach seinem Produktionsort in »Typ Stuttgart« umbenannt. Das Drei-Liter-Modell trug von 1929 an die Bezeichnung »Typ Mannheim«. Neben den neuen Pkw-Modellen zeigte Mercedes-Benz auch sein Nutzfahrzeugprogramm, bestehend aus drei Lkw-Typen sowie drei Niederrahmen-Fahrgestellen für Omnibus- und Lkw-Aufbauten. Für die weitere Entwicklung der Marke wegweisend war das ebenfalls in

Berlin ausgestellte Modell K, das noch als Mercedes entwickelt worden war: ein sportliches Sechszylindermodell mit Kompressor zur Leistungssteigerung des Motors. Die so genannte Kompressor-Aufladung hatte Mercedes 1921 als weltweit erste Marke im Automobilbau eingesetzt. Kompressor-Wagen eigneten sich wegen ihrer hohen Fahrleistungen insbesondere für den Einsatz im Motorsport.

Nur ein Jahr nach der Fusion brachte Mercedes-Benz das Kompressor-Modell Typ S auf den Markt. Das »S« stand für Sport, 1928 folgten die Typen SS (Super-Sport) und SSK (Super-Sport-kurz), die als Kunden- und als Rennsportfahrzeuge weltweit erfolgreich wurden. Auf die Ära dieser »weiße Elefanten« genannten Supersportwagen folgten ab 1934 die legendären »Silberpfeile« für den Formel-Rennsport. Zeitgleich formten anspruchsvolle Oberklasse- und Repräsentationswagen sowie zuverlässige Nutzfahrzeuge jenes Bild der Marke, das bis in die Gegenwart gültig ist: Mercedes-Benz steht für sportliche Erfolge, hohe technische Qualität und Wertbeständigkeit. Das Markenzeichen von Mercedes-Benz ist übrigens auch ein Fusionsprodukt: Der einfache, dreizackige Mercedes-Stern wird seit 1926 eingerahmt vom Lorbeerkranz aus dem Benz-Markenzeichen. »Mercedes-Benz-Stern« sagt trotz Verschmelzung der beiden Symbole kaum jemand dazu. Es ist beim Namen »Mercedes-Stern« geblieben, obwohl sich 1926 zwei Partner auf Augenhöhe zusammengeschlossen hatten.

# Neckar, NSU-Fiat

**Unter dem Markennamen Neckar sind auch einmal Autos gebaut worden. Allerdings nicht sehr lang, nur von 1966 bis 1969. Langlebiger und bekannter war die Marke NSU-Fiat, wie die Modelle zuvor hießen.**

Seitenmitte: Der NSU-Fiat Neckar war eines der meistproduzierten Modelle.

Die italienische Marke Fiat – die Abkürzung von Fabrica Italiana Automobili Torino, also italienische Autofabrik Turin – war jeweils in den beiden Jahrzehnten vor und nach dem Zweiten Weltkrieg der bedeutendste Importeur von Autos in Deutschland. Sie war vor allem mit ihren bezahlbaren Kleinwagen erfolgreich. 1922 hat Fiat ein deutsches Verkaufsbüro eingerichtet, 1929 ergriff das italienische Unternehmen die Gelegenheit, eine Autofabrikation in Deutschland einzurichten: NSU in Neckarsulm (Seite 104) war in finanzielle Schieflage geraten und zog sich aus dem Automobilgeschäft zurück. Fiat übernahm neben dem NSU-Werk in Heilbronn auch den Markennamen.

Der Vertrag zwischen NSU und Fiat sah vor, dass die zu diesem Zeitpunkt aktuellen NSU-Modelle zunächst weitergebaut werden sollten. Diese waren aber schwer verkäuflich, sonst wäre NSU überhaupt nicht in die Krise gerutscht. Die »NSU Automobil AG«, wie Fiat seine deutsche Tochter nannte, erfüllte

dennoch den Vertrag. Dieser schrieb unter anderem fest, dass die Neckarsulmer NSU sich für alle Zeit von der Automobilherstellung fernhalten werde. Seit 1934 hat die deutsche Fiat-

Tochter unter der Marke NSU-Fiat dann eigene Modelle in Heilbronn produziert. Es handelte sich um Lizenzfertigungen der italienischen Fiat-Wagen. Mit solchen Automobilwerken in Deutschland brauchten ausländische Hersteller – auch Citroën und Ford hatten deutsche Produktionsstätten – keine Einfuhrzölle zu entrichten; die in Heilbronn gebauten Autos waren zollrechtlich deutsche Fabrikate.

Teilweise erhielten die in Heilbronn montierten Fahrzeuge ihre Karosserien von ortsansässigen Betrieben wie Drauz (Seite 56) und Weinsberg (Seite 160). Daneben importierte die deutsche Niederlassung auch italienische Fiat-Baureihen, deren geringe Stückzahlen die Montage in Deutschland nicht gelohnt hätte. Ein Verkaufserfolg für NSU-Fiat wurde von 1937 an das Modell 500, einer der fortschritt-lichsten Kleinwagen seiner Zeit. Mit ihm stieg Fiat zum Massenhersteller auf, und auch als NSU-Fiat fand er in Deutschland seinen Markt. Nach Kriegsbeginn wurde wegen zuneh-mender Materialknappheit der NSU-Fiat 500 mit Holzkarosserie und Kunstlederbezug statt mit Karosserieblech ausgeliefert, 1941 die Pkw-Produktion stillgelegt.

**Vom NSU-Fiat Jagst gab es auch ein schickes Cabriolet.**

Erst zehn Jahre später liefen die Bänder in Heilbronn wieder an. Erneut hieß das erste deutsche Nachkriegsmodell NSU-Fiat 500. Der weiterentwickelte Kleinwagen hatte vier Zylinder, 600 ccm Hubraum und leistete 16,5 PS. Damit passte er genau zum damaligen deutschen Kleinwagen-Boom. In den folgenden Jahren bekamen die in Heilbronn montierten NSU-Fiat-Modelle teils regionale Modellnamen: Neckar, Jagst oder Weinsberg.

Als NSU in Neckarsulm 1958 wieder ins Autogeschäft ein-

stieg, wurde es rechtlich kompliziert: Eigentlich hatte NSU 1929 im Vertrag mit Fiat auf seinen Markennamen verzichtet. Der Rechtsstreit zog sich bis 1966 und kam zu einem Vergleich: Fiat verzichtete auf die Verwendung des Namens NSU und bot die Modelle nun unter dem Markennamen Neckar an. Dies betraf aber nur noch zwei Baureihen: Aus dem NSU-Fiat Jagst 2 wurde der Neckar Jagst 2, und 1966 kam der Neckar 1100 Millecento, eine weiterentwickelte Fiat 1100-Limousine, auf den Markt.

1969 ließ der Konzern mit dem Produktionsende dieser beiden Baureihen den Markennamen Neckar wieder sterben, die Heilbronner Autos trugen nun das gleiche Fiat-Markenzeichen wie die Turiner Fabrikate. Ohnehin hatte mittlerweile die Lizenzproduktion ihre Daseinsberechtigung verloren, denn die 1957 gegründete Europäische Wirtschaftsgemeinschaft (EWG) hatte schrittweise viele Handelsschranken aufgehoben. Das Ende für die Heilbronner Automobilmontage kam im Jahr 1973. Zuletzt hatte man noch eine Zeitlang Schiebedächer deutscher Zulieferer in die italienischen Fiat-Modelle 124, 125 und 128 eingebaut. Das ehemalige Automobilwerk Heilbronn blieb für die deutsche Fiat-Vertriebsorganisation noch etwa drei Jahrzehnte lang Unternehmenszentrale und Lehrwerkstatt. 2007 ist Fiat Deutschland nach Frankfurt umgezogen.

# NSU

**In Neckarsulm werden bis heute Autos gebaut: von Audi. Das dortige Automobilwerk aufgebaut hat die Marke NSU, deren Name einfach aus dem Kürzel der Stadt Neckarsulm geformt wurde. 1969 ist der Autohersteller Teil des Volkswagen-Konzerns geworden.**

**Der Ro 80 von 1967 war modern, doch ein technischer Flop.**

Begonnen hat die Geschichte des Fahrzeugbaus in Neckarsulm im Jahr 1880: Eine Strickmaschinenfabrik zog von Oberschwaben ins Unterland, stellte ab 1886 zusätzlich Fahrräder her und benannte sich 1897 in »Neckarsulmer Fahrradwerke AG« um. 1901 nahmen die Fahrradwerke das

erste NSU-Motorrad ins Programm, und 1906 begann mit dem dreirädrigen »Sulmobil« die Herstellung von Motorwagen, wie man die Autos zunächst nannte. NSU hatte übrigens schon bei der Geburt des Automobils geholfen: Die Speichenräder von

Gottlieb Daimlers erstem »Stahlradwagen« sind 1888 in der Neckarsulmer Fahrradfabrik hergestellt und nach Cannstatt geliefert worden.

Die frühen NSU-Automobile wurden mit den Markenzeichen Neckarsulm oder N.S.U. ausgeliefert. Ab 1913 nannte sich das Unternehmen »Neckarsulmer Fahrzeugwerke AG«, und die Marke bekam ihren endgültigen Namen: NSU. Nach dem Ersten Weltkrieg entwickelte sich die Nachfrage nach den Pkw-Modellen bald so gut, dass die Automobilfertigung in ein neues Werk im benachbarten Heilbronn ausgelagert werden sollte. 1926, kurz nach Baubeginn, übernahm NSU allerdings auf Drängen seines Mehrheitsaktionärs die kränkelnden Schebera-Automobilwerke mit Standorten in Berlin und Heilbronn. Es war die Ära der Zusammenschlüsse in der Automobilbranche, die Mitte der 1920er-Jahre drastische Umsatzeinbrüche erlitt. Auch große Namen wie Daimler und Benz hielten sich 1926 nur durch eine Fusion über Wasser.

NSU schlitterte wegen des Kapitalabflusses zu Schebera in Zahlungsschwierigkeiten und musste 1929 das gerade erst fertiggestellte Heilbronner Werk verkaufen – es ging an das italienische Automobilunternehmen Fiat. NSU stieg aus der Autoproduktion aus und konzentrierte sich im Stammwerk Neckarsulm auf das Geschäft mit Fahrrädern und Motorrädern. Mit der Autofabrik kaufte Fiat alle Markenrechte an den NSU-Automobilen. Zunächst produzierte Fiat die bereits eingeführten NSU-

Mit den »Prinzen« hat die kurze Nachkriegsgeschichte der Automobilmarke NSU begonnen.

Modelle weiter und verwendete nach 1934 den neuen Markennamen NSU-Fiat (Seite 100) für seine Eigenprodukte: Lizenzbauten italienischer Fiat-Modelle.

Auch nach dem Zweiten Weltkrieg blieb NSU zunächst Zweiradhersteller, war 1955 die größte Motorradfabrik der Welt und Marktführer in Deutschland. Doch bereits zu dieser Hochphase war das Ende des Zweiradbooms abzusehen: Mit wachsendem Wohlstand wollten die Deutschen lieber Auto fahren als Motorrad oder Fahrrad. Diesen Markt wollte sich NSU nicht entgehen lassen und stieg wieder in die Automobilherstellung ein. Rechtlich war die Situation allerdings knifflig: Der Hersteller

**Montage des NSU Prinz 4 in Neckarsulm.**

hatte sich beim Verkauf seines Heilbronner Werks an Fiat verpflichtet, keine NSU-Automobile mehr zu bauen. NSU-Fiat hatte 1951 nach zehnjähriger kriegsbedingter Unterbrechung wieder begonnen, in Heilbronn Autos zu montieren und beharrte auf seinen Namensrechten. Erst 1966 hat Fiat nach langem Rechtsstreit der beiden konkurrierenden NSU-Markenzeichen auf die Verwendung des Namens NSU verzichtet.

Während der Namensstreit Anwälte und Gerichte beschäftigte, schuf NSU Fakten. Zunächst hatte man Mitte der 1950er-Jahre den Bau eines dreirädrigen Kabinenrollers im Auge, wie er zeittypisch gewesen wäre. Dann aber wurde der erste neue NSU ein »richtiges« Auto mit vier Rä-

dern: ein Prinz. Die ersten NSU-Prinzen standen 1958 bei den Händlern und waren rundliche Zwerge mit Zweizylindermotoren von etwa 600 ccm Hubraum. Ab 1964 wurden Vierzylindermodelle angeboten; wie die Zweizylinderversionen hatten sie ihren Motor im Heck. Mit dem Aufschwung der Automobilfertigung ging die Zeit der NSU-Zweiräder zu Ende: Die Fabrikation von Fahrrädern lief bis 1963, das letzte Motorrad hat NSU 1966 ausgeliefert.

Lang hat das NSU-Glück, wieder zu den Automobilherstellern zu gehören, nicht gewährt. Während Ende 1957 gerade die Fließbänder für die ersten Prinz-Modelle anliefen, erlebten die Ingenieure an den Prüfständen der Entwicklungsabteilung einen zukunftsweisenden

**Links: Ein NSU Prinz 30 in den frühen 1960er-Jahren.**

**Rechts: Der NSU Wankel Spider, das weltweit erste Wankelmotor-Auto.**

Moment: Der Kreiskolbenmotor nach dem Prinzip des badischen Erfinders Felix Wankel absolvierte in Neckarsulm erfolgreiche Tests. NSU beschloss, ganz auf diese Antriebsalternative zu konventionellen Motoren mit Kolben und Zylindern zu setzen. Sie versprach hohe Leistung bei zugleich kleinen und leichten Motoren. 1963 war auf der Internationalen Automobilausstellung in Frankfurt das erste Resultat der Zusammenarbeit von Felix Wankel und dem experimentierfreudigen Kleinwagenhersteller zu sehen: der NSU Wankel Spider, ein schicker Roadster, von dem zwischen 1964 und 1967 knapp 2400 Stück gebaut worden sind.

Den großen Durchbruch für die Wankel-Motortechnik sollte 1967 der NSU Ro 80 bringen – Ro stand für Rotationskolbenmotor. Es kam anders: Er brachte das Ende von NSU. Aus zeitlichem Abstand betrachtet war der Wankel-Motor ein technischer Flop mit dem unheilbaren Makel hohen Spritverbrauchs und hoher Schadstoffemissionen. Die ultramoderne, anspruchsvolle NSU-Mittelklasselimousine scheiterte allerdings vor allem an Konstruktionsmängeln: Die Motoren gingen reihenweise kaputt. Das ruinierte zuerst den Ruf und dann die Bilanzen. NSU geriet in Zahlungsschwierigkeiten und wurde 1969 vom Volkswagen-Konzern übernommen.

VW fusionierte seine Tochtermarken Audi und NSU zur Audi NSU Auto Union AG mit Sitz in Neckarsulm. Das fertig entwickelte Modell NSU K 70 wurde 1970 als VW K 70 auf den Markt gebracht, der in vielen Details nachgebesserte NSU Ro 80 noch bis 1977 gebaut. Insgesamt entstanden nur etwa 37 400 Stück des Modells, mit dem die Marke eigentlich die Zukunft erobern wollte. 1985 ist die VW-Konzerntochter in »Audi AG« umbenannt worden und der Markenname NSU endgültig verschwunden.

**Der NSU 6/18 PS wurde von 1911 bis 1914 angeboten.**

Eigentlich könnte über diesem Kapitel auch »Gaggenau« stehen, genauso gut »Süddeutsche Automobil-Fabrik (SAF)« oder »S.A.G.«. Unter diesen Markennamen sind die Fahrzeuge aus dem Badischen ebenfalls angeboten worden. Doch »Orient-Express« klingt eben besonders spannend.

Die Süddeutsche Automobil-Fabrik, wie das Unternehmen zuletzt hieß, geht zurück auf eine Gründung des umtriebigen Industriellen Theodor Bergmann. Der aus Mainfranken stammende Kaufmann hatte 1889 die Murgtaler Eisenwerke in Gaggenau übernommen und benannte sie in »Bergmanns Industriewerke« um. Seine Fabrik stellte verschiedenste Metallwaren her, darunter auch Küchenutensilien. Die heute noch existierende Haus-

gerätemarke Gaggenau geht auf diesen Betrieb zurück. 1894 ließ Bergmann neben der Metallwarenfabrik eine Automobilproduktion einrichten.

Dort entstanden zunächst einige Motor-Dreiräder, dann 1895 das erste Auto mit vier Rädern. Markenname war Orient-Express, benannt nach dem zeitgenössischen Luxuszug. Der zwischen Paris und Konstantinopel verkehrende Express war um 1900 das Nonplusultra an Modernität, Geschwindigkeit und Luxus; dieses Image woll-

**Der Orient-Express aus Gaggenau ging auch in den Export.**

te Bergmann auf die Automobile aus Gaggenau übertragen. Konstruktiv glichen sie den Benz-Modellen dieser Zeit, hatten ihren Einzylindermotor im Heck hinter der Sitzbank für die Passagiere. Die Orient-Express-Modelle wurden mit weiterentwickelten Motoren bis 1904 gebaut, waren zuletzt aber technisch veraltet. Auch zwei Omnibus-Typen sind um 1900 in Gaggenau hergestellt worden.

1905 wurde aus der Automobilbau-Abteilung von Bergmanns Industriewerken die Süddeutsche Automobil-Fabrik (SAF). Sie übernahm vom Vorgängerunternehmen den Kleinwagen Liliput, wiederum ein Einzylindermodell, das wegen seines günstigen Preises in großen Stückzahlen gebaut werden sollte. Doch der 350 Kilogramm leichte

Winzling, der immerhin 30 km/h schnell war, kam beim Publikum nicht gut an. Auch nicht das etwas größere und stärkere Schwestermodell SAF Libelle. Die Produktion beider Typen ist schon 1906 wieder eingestellt worden, und auch den Markennamen Orient-Express hat die SAF nicht weiter verwendet.

Besser lief es bei den größeren Modellen, die ein neuer leitender Ingenieur nach Gründung der SAF entwickeln ließ. Sie hatten Vierzylindermotoren, die zu den modernsten Aggregaten ihrer Zeit zählten. Sie leisteten zwölf bis 16 PS und waren bis zu 75 km/h schnell. Außerdem baute man Sportwagen mit großvolumigen Motoren aus dem parallel zu den Pkw aufgebauten Nutzfahrzeugprogramm.

Diese Autos trugen den Markennamen Gaggenau, der auch im Motorsport von sich reden machte. Unter anderem nahm Gaggenau an den Prinz-Heinrich-Fahrten teil, die zwischen 1908 und 1910 vom Bruder des damaligen deutschen Kaisers gestiftet wurden. Diese Langstreckenfahrten über etwa 2000 Kilometer, ergänzt um Schnelligkeitswettbewerbe, sollten die Zuverlässigkeit der eingesetzten Fabrikate beweisen und bewerben. Dass die Marke zu dieser Zeit zu den sehr guten Fabrikaten zählte, bewies

auch die Erstdurchquerung Afrikas von Ost nach West in einem Gaggenau-Wagen im Jahr 1906.

Das Hauptgeschäft der SAF sollten allerdings Nutzfahrzeuge werden, die in rascher Folge auf den Markt kamen. Sie wurden unter dem Markennamen S.A.G. Gaggenau vertrieben und umfassten leichte Lieferwagen, schwere Lastwagen und Omnibusse. Zur Produktion dieses Nutzfahrzeugprogramms brauchte das Unternehmen allerdings mehr Kapital, als zur Verfügung stand. Die ka-

**Die Automobilfabrik Gaggenau um 1907.**

**Dieser Bierlaster wurde vor 1900 an eine Brauerei geliefert.**

pitalgebenden Banken vermittelten 1907 eine Beteiligung der Benz-Werke an der Süddeutschen Automobil-Fabrik. Aus der Teilhaberschaft von Benz an Gaggenau wurde schließlich ein Zusammenschluss der beiden Firmen. Genauer gesagt: Die größeren Benz-Werke übernahmen bis 1911 die kleine Süddeutsche Automobil-Fabrik. Benz verlegte nach der Übernahme seine Nutzfahrzeug-Fertigung komplett nach Gaggenau und übernahm einige der als »S.A.G. Gaggenau« entwickelten Typen unter der Mar-

kenbezeichnung Benz-Gaggenau. Die Herstellung von SAF- und Gaggenau-Autos endete mit der Übernahme, weil Benz nur eine Pkw-Marke führen wollte.

Der Automobilstandort Gaggenau hat all diese Besitzerwechsel überdauert, auch 15 Jahre später die Fusion zu Daimler-Benz. Bis 2002 war das Werk Gaggenau Produktionsstandort für die Unimog-Modelle (Seite 142), heute liefert es Komponenten für das nahegelegene Lkw-Werk Wörth von Mercedes-Benz.

**Vom kleinen Konstruktionsbüro zum weltweit bekannten Hersteller von begehrten Sportwagen: Die Geschichte von Porsche ist so rasant und spannend wie die Autos der Marke. Und sie ist geprägt von den illustren Eigentümerfamilien.**

Dass die Sportwagenmarke Porsche im Jahr 2009 zu einem Teil des Volkswagen-Konzerns geworden ist, war das letzte Kapitel eines Wirtschaftskrimis. Dessen Spannungsbogen war: Wer übernimmt wen? Porsche VW? Oder VW Porsche? Am Ende hat Goliath gesiegt. Doch dass der David namens Dr. Ing. h. c. F. Porsche Aktiengesellschaft überhaupt so bedeutend wurde, dass er sich mit den Großen messen konnte, ist eine besondere Geschichte.

Sie hat vor bald 90 Jahren in Stuttgart begonnen, allerdings noch nicht im Stadtteil Zuffenhausen, wo die ersten Porsche-Modelle 1950 montiert worden sind. Ferdinand Porsche, der Gründer der nach ihm benannten Marke, eröffnete 1930 in der Stuttgarter Innenstadt ein Konstruktionsbüro mit wenigen Angestellten, quasi als Dienstleister für Automobilfabriken. Zuvor hatte er mehr als 20 Jahre lang für Unternehmen des Daim-

**Der Mission E ist ein Ausblick auf Porsches elektrische Zukunft.**

**Szenen aus den Anfängen der Zuffenhausener Sportwagenproduktion.**

ler-Konzerns gearbeitet: von 1906 bis 1923 bei der Österreichischen Daimler-Motoren-Gesellschaft, wo er Generaldirektor wurde. Dann von 1923 bis 1928 als Leiter des Konstruktionsbüros und Vorstandsmitglied bei Daimler (ab 1926 Daimler-Benz) in Untertürkheim.

Der lukrativste Auftrag, den Ferdinand Porsches junges Konstruktionsbüro an Land zog, kam 1934 vom

Reichsverband der Automobilindustrie: Porsche sollte den deutschen Volkswagen (Seite 155), der später »Kraft-durch-Freude-Wagen« genannt wurde, entwickeln. Dazu wurde 1937 eine »Gesellschaft zur Vorbereitung des Volkswagens« gegründet. Ferdinand Porsche wurde ihr Hauptgeschäftsführer und zog mit seiner Firma nach Stuttgart-Zuffenhausen, wo ein Entwick-

lungswerk mit mehreren Hundert Beschäftigten entstand. Hergestellt werden sollte der
Kleinwagen in einem neu errichteten Werk
in Fallersleben, dem heutigen Wolfsburg.

Die Volkswagen-Produktion lief zwar erst
nach dem Zweiten Weltkrieg an, dennoch
wurde sie für Ferdinand Porsche zum Geschäft: 1948 schloss er mit Volkswagen einen
Vertrag, der ihm eine Lizenzgebühr pro ver-
kauftem VW Käfer und die Alleinvertretung
von Volkswagen in Österreich sicherte – die finanzielle Basis
für den Autobauer Porsche.

Sein Sohn Ferry Por-
sche, der 1931 in das Konstruktionsbüro eingetreten
war und 1944 Geschäfts-
führer wurde, hatte zum
Kriegsende wegen der
alliierten Bombardements
auf deutsche Städte Teile des
Unternehmens nach Gmünd in
Kärnten verlegen lassen. In Österreich begann er 1946 mit der Entwicklung des
ersten Porsche-Sportwagens. Währenddessen
waren Ferdinand Porsche und sein Schwiegersohn Anton Piëch, der in Fallersleben Werk-

Der 1963
präsentierte erste
Porsche 911.

leiter gewesen war, 22 Monate lang in Frankreich in Haft. Die Vorwürfe gegen sie, unter anderem die Deportation französischer Zwangsarbeiter nach Fallersleben, konnten nicht bewiesen werden. 1947 wurden die beiden aus der Haft entlassen und 1948 gerichtlich freigesprochen.

1949 kehrte Ferry Porsche, der die Geschäfte des kommenden Automobilherstellers Porsche nun leitete, zurück nach Stuttgart, um den Serienbau des Porsche-Modells 356 vorzubereiten. Als der Unternehmensgründer Ferdinand Porsche 1951 starb, vererbte er die Firmenanteile je zur Hälfte an seinen Sohn Ferry und seine Tochter Louise Piëch, die die Geschäfte in Österreich führte. Die beiden Namen sind von Belang, da das Verhältnis der beiden Familienclans Porsche und Piëch den weiteren Weg der Sportwagenmarke Porsche geprägt hat.

Die ersten Zuffenhausener Porsche des Modells 356 sind ab 1950 beim benachbarten Karosseriewerk Reutter (Seite 118) montiert worden. Die Produktion des Porsche 356 lief in verschiedenen Motorisierungs- und Entwicklungsstufen bis 1963. Ihm folgte 1964 das bis heute populärste Modell: der Porsche 911. Er ließ die Marke vom kleinen deutschen Sportwagenhersteller, der bis dahin

etwas mehr als 55 000 Autos ausgeliefert hatte, zu einem weltweit bekannten Unternehmen wachsen.

Die Modellbezeichnung Porsche 911 für den Heckmotor-Sportwagen mit Sechszylinder-Boxermotor wird bis heute verwendet, auch wenn der ursprüngliche Typ 911 nur von 1964 bis 1989 angeboten wurde. Seine Nachfolger tragen werksintern andere Baureihenbezeichnungen. Eigentlich war die Baureihe 1963 als Porsche 901 vorgestellt worden, doch der französische Hersteller Peugeot hatte sich markenrechtlich sämtliche dreistellige Zahlenkombinationen mit einer 0 in der Mitte sichern lassen. Porsche wich daher auf die Ziffernfolge 911 aus, die zu einer Ikone der Sportwagengeschichte geworden ist.

Bis in die 1980er-Jahre war Porsche als kleiner Sportwagenhersteller erfolgreich, geriet dann aber, unter anderem wegen wenig attraktiver Vier- und Achtzylinder-Modelle mit Frontmotoren, in die Krise. Im Geschäftsjahr 1991/92 verkaufte die Marke nur noch 23 000 Fahrzeuge und schrieb hohe Verluste. Die Regie des neuen Managers Wendelin Wiedeking bewahrte Porsche vor dem Abgrund. Eine erfolgreiche Modellpolitik und die Reorganisation des Betriebs machten Porsche binnen weniger Jahre zum renta-

**Bis heute ist die Baureihe 911 das populärste Standbein der Marke.**

belsten Automobilhersteller der Welt. Dieses Kapital sollte nach den Plänen des Managements in den 2000er-Jahren als Basis für die Übernahme von VW dienen.

Die enge Verflechtung der Stuttgarter Marke mit dem Volkswagen-Konzern besteht im Grunde genommen seit dem Firmengründer Ferdinand Porsche. Verkörpert wird sie vor allem durch die Person Ferdinand Piëch, Sohn der Porsche-Tochter Louise: Er war durch sein Familien-erbe zum einen jahrzehntelang Großaktionär von Porsche, zum anderen war er leitender Angestellter des VW-Konzerns. Im Übernahme-Poker zwischen Porsche und Volkswagen setzte sich 2009 letztlich Volkswagen durch und hat Porsche in den VW-Konzern integriert. Die sich anschließenden Gerichtsverfahren gegen Porsche-Manager sind mittlerweile mit Verfahrenseinstellungen und Freisprüchen beendet worden.

# Reutter

**Das Stuttgarter Karosseriewerk Reutter & Co war einer der vielen Betriebe, die in der ersten Hälfte des 20. Jahrhunderts mit Automobilkarosserien ihr Geld verdient haben. Ein von Reutter geprägter Markenbegriff hat bis heute überlebt: Recaro.**

Recaro-Sitze sind unter Automobilexperten bekannt, meist als Sonderausstattung für betont sportliche Autos. Auch im Rennsport und bei Berufsfahrern in Nutzfahrzeugen hat der Sitzhersteller einen guten Namen. Wie aus einer Karosseriewerkstatt in der Stuttgarter Augustenstraße eine Marke für Sitze und Zubehör wurde, hat eine Geschichte von etwa 60 Jahren Dauer.

Der Sattlermeister Wilhelm Reutter, 1874 in der Nähe von Backnang zur Welt gekommen, arbeitete einige Jahre lang in der Wagnerwerkstatt eines Verwandten in Stuttgart. 1906 machte er sich selbstständig, um Karosserien für Automobile zu bauen, die man in der Hauptstadt des Königreichs immer häufiger auf den Straßen sah. Ein mutiger Schritt, denn Reutter hatte keine praktische Erfahrung im neuen Metier. 1909 trat Wilhelm Reutters Bru-

der Albert als Teilhaber und Kaufmännischer Leiter in die Firma ein. Reutter machte sich rasch durch Zuverlässigkeit und hohe Qualität einen Namen.

Die ersten Aufträge kamen von Stuttgarter Industriellen, die sich Mercedes-Modelle aus dem nahen Untertürkheim ausstatten ließen. Reutter fertigte die Karosserien zunächst ausschließlich aus Holz. In den ersten Jahren hatten Kunden die Wahl zwischen zwei Karosserietypen: offen oder geschlossen. Doch ein offener Wagen eignete sich nicht für den Winterbetrieb, und in einer geschlossenen Limousine konnte es im Sommer unangenehm warm werden. Lüftungsgebläse gab es seinerzeit noch nicht. Reutter ließ sich seine Lösung des Problems 1909 patentieren: die Reform-Karosserie. Es handelte sich um einen Aufbau mit Faltverdeck und Vordach über der ersten Sitzreihe, gefertigt aus so-

Das Zuffen-
hausener Werk
von Reutter, heute
Teil der Porsche-
Anlagen.

lidem, wind- und wasserdichtem Stoff, mit einem aufwän-
digen Gestänge zur Stabilisierung. Die Reform-Karosserie
machte mit wenig Aufwand aus einem offenen Fahrzeug
ein geschlossenes und umgekehrt.

Mit Beginn der 1920er-Jahre ging Reutter zum Karos-
seriebau aus Stahl über, zeigte auch Aluminium-Modelle.
In den Musterbüchern standen vor allem Aufbauten für
Fahrzeuge der Marken Mercedes (Seite 94) und Benz
(Seite 27), ab 1923 auch der neuen Automobilmarke May-
bach (Seite 89). Die folgenden Jahre der Hyperinflation,

kurzen Erholung und weiteren Krisen krempelten die
Automobilproduktion in Deutschland allerdings gründ-
lich um: Der Markt für Oberklasse-Fahrzeuge schrumpfte
drastisch, preiswertere Modelle waren gefragt. Kritisch
für Reutter, wo man auf exklusive Einzelanfertigungen
spezialisiert war. Doch der gute Ruf der Marke brachte
neue Aufträge ins Haus: Spezialkarosserien in Kleinserie
für Automobilhersteller, die in deren eigenen Werken
nicht wirtschaftlich zu fertigen waren. Für Reutter waren
solche Kleinserien ökonomischer als Einzelaufträge, doch

verhandelten die Industrie-Kunden härter um die Preise als Privatleute. Lukrative Einzelanfertigungen erledigte man deshalb weiterhin gern, auch um das handwerkliche Können hochzuhalten. Dem Kölner Oberbürgermeister Konrad Adenauer etwa stattete man in diesen Jahren einen Mercedes-Dienstwagen aus.

Auch wenn Reutter nie Fahrzeuge mit eigenem Markenzeichen produziert hat, war das Unternehmen zeitweilig ein so großer Akteur in der Automobilfertigung, dass es seine Berechtigung in diesem Buch hat. Zwei Marken, mit denen Reutter gemeinsame Sache machte, waren besonders bedeutend: Wanderer und Porsche (Seite 113). Die Wanderer-Werke, Chemnitz, vor allem bekannt für Fahrräder und

Büromaschinen, haben von 1912 bis 1941 Autos gebaut. In den späten 1920er-Jahren gingen die ersten Aufträge in Stuttgart ein und waren der Beginn einer stetigen Zusammenarbeit. Als Wanderer 1932 zur neu gegründeten Auto Union kam, erhielt Reutter den Zuschlag für eine große Serie von Limousinenkarosserien. Etwa zur gleichen Zeit beauftragten die Sachsen auch das Stuttgarter Konkurrenzunternehmen Baur (Seite 23) mit Cabriolet-Karosserien.

Die Karosseriewerke Reutter produzierten anfangs der 1930er-Jahre immer noch in der Stuttgarter Innenstadt, wo die Fabrik bald aus den Nähten platzte. 1937 wurde in Stuttgart-Zuffenhausen ein zweites Werk eingerichtet, in dem sich Großaufträge abwickeln ließen.

**Beengte Verhältnisse bei der Porsche-Montage in den frühen 1950ern.**

Zu Porsche hatte Reutter schon Geschäftsbeziehungen, bevor es die Sportwagenmarke überhaupt gab. In den 1930er-Jahren hat Reutter für das Konstruktionsbüro von Ferdinand Porsche Kleinwagen-Prototypen der Marken Zündapp und NSU hergestellt. Auch einige Vorserienmodelle des späteren Volkswagens (Seit 155), den Porsche im Auftrag der Reichsregierung entwarf, sind bei Reutter entstanden. Ab 1950 produzierte Ferry Porsche, Sohn von Ferdinand Porsche, seine Sportwagen in Stuttgart und wur-

de zum größten Auftraggeber von Reutter. Beide Unternehmen agierten in Zuffenhausen räumlich Tür an Tür und faktisch Hand in Hand: Porsche baute die motorisierten Fahrgestelle, Reutter komplettierte sie mit Karosserien.

Der Erfolg der Porsche-Wagen setzte Reutter allerdings zunehmend unter Wachstumsdruck, erforderte hohe Investitionen und führte in die Abhängigkeit vom einzigen Großabnehmer. Das immer spannungsreichere Verhältnis der ungleichen Partner endete 1963: Reutter verkaufte

sein Zuffenhausener Werk an Porsche und zog sich auf den Stammsitz in der Stuttgarter Augustenstraße zurück. Dort wurde das Unternehmen Recaro GmbH & Co. gegründet (zusammengesetzt aus **Re**utter **Caro**sserie), das Fahrzeugsitze für Porsche und andere Hersteller produzierte. Auch Recaro hat eine bewegte Geschichte. Unter der Marke werden heute Flugzeugsitze, Kindersitze und die bekannten Sport- und Komfortsitze für Autos produziert. Die Autositz-Sparte gehört aktuell einem US-Mischkonzern mit offiziellem Sitz in Irland.

**Handwerksarbeiten aus den 1920er-Jahren: Mercedes-Benz Krankenwagen (links) und Maybach Sport-Phaeton.**

# Setra, Kässbohrer

**Die Karl Kässbohrer Fahrzeugwerke in Ulm waren ein Karosseriebetrieb, der sich auf den Bau von Omnibussen spezialisierte. Bekannt geworden sind ihre Busse unter dem Markennamen Setra. Die Marke existiert bis heute und gehört seit 1995 zum Daimler-Konzern.**

Setra, das stand für **sel**bst**tra**gend, eine Karosseriebauweise, welche die Firmeninhaber Karl und Otto Kässbohrer 1950 für ihr Omnibusprogramm entwickeln ließen und ein Jahr später vorstellten. Bis dahin war – wie auch beim Bau von Pkw – noch die Rahmenkonstruktion üblich gewesen: Unterbau und Achsen, ergänzt um Motor, Getriebe und Räder, bildeten eine bauliche Einheit, auf die dann die Karosserie aufgesetzt wurde. Diese Aufgabenteilung bei der Omnibusfertigung sicherte Karosseriebaubetrieben ihr Auskommen. Dass die Zeit der Rahmenbauweise in den frühen 1950er-Jahren zu Ende ging, bedeu-

tete letztlich auch das Ende der meisten dieser Traditionsbetriebe. Selbsttragende Karosserien umfassen das Fahrgestell und den Aufbau als konstruktive Einheit, die dann um Achsen, Räder, Antrieb und Innenausstattung ergänzt wird. Der Vorteil dieser Bauweise, die bei den Karl Kässbohrer Fahrzeugwerken erstmals für den Omnibusbau in Serie gebracht worden ist: Die neuartigen Karosserien waren leicht, dennoch stabil und sicher, und sie machten die industrielle Herstellung einfacher.

Als Kässbohrer seinen ersten Setra-Omnibus auf

den Markt brachte, hatte das Unternehmen, gegründet vom Vater der beiden Inhaber, gut 40 Jahre Erfahrung im Fahrzeugbau. Karl Kässbohrer, der noch den Bau von Pferdewagen gelernt hatte, war seit 1893 in Ulm selbstständig. 1907 stellte er einen ersten Aufbau für den Lastwagen eines Brauereigasthofs her: einen so genannten Kombinationswagen, der sich entweder als Bierlaster oder nach Ausklappen von Sitzen, die in der Ladefläche versenkt waren, als Omnibus mit Segeltuchverdeck nutzen ließ. Die Kombination von Lkw und Bus war noch bis in die 1920er-Jahre, vor allem auf dem Land, üblich. Später erlaubte die zunehmende Zahl von Fahrzeugen, Fracht und Fahrgästen die Spezialisierung auf entweder Güter- oder Personentransport.

**Etwa 20 Jahre später wurden Busse in größeren Serien gebaut.**

Karl Kässbohrer beteiligte sich 1911 an der Gründung der ersten Omnibuslinie Württembergs zwischen Ulm und Wiblingen und lieferte auch deren Erstausstattung mit Fahrzeugen. In kleiner Zahl baute sein Unternehmen auch Pkw-Karosserien. Nach dem Ersten Weltkrieg nahm das Geschäft mit Bussen bald wieder Fahrt auf: Der Ulmer Fahrzeugbauer Magirus (Seite 84) ließ seine ersten Omnibusse bei Kässbohrer fertigen, wo man bereits Stahlblech als Material für die Karosseriehaut verarbeitete.

Als Karl Kässbohrer an Weihnachten 1922 im Alter von 58 Jahren starb, übernahmen die beiden Söhne Karl jun. und Otto die Unternehmensleitung, obwohl erst 22 und 19 Jahre alt und unerfahren. Karl hatte in Stuttgart studiert, Otto gerade die Gesellenprüfung im väterlichen Betrieb absolviert. Karl konzentrierte sich auf die Weiter-

**Mit den Setra-Bussen stieg man zu einem der größten Hersteller Europas auf.**

Ganzstahlbauweise und mit gebogener Dachrandverglasung. Dieses technische Novum erstaunte auch Experten. Im Bereich Reisekomfort war Kässbohrer in den 1930er-Jahren ebenfalls Pionier und stattete erste Busse mit WCs, Bordküchen und komfortablen Innenraumheizungen aus. Die stets weiterentwickelten Konstruktionen gaben den Kässbohrer-Bussen ein zunehmend schnittiges Aussehen, was dem Geschmack der Zeit entsprach. Bis zum Ausbruch des Zweiten Weltkriegs war die Produktion auf etwa 300 Omnibusaufbauten jährlich gestiegen.

Während des Krieges stellte Kässbohrer wie alle großen Fahrzeughersteller auf Militärproduktion um, wurde 1944/1945 von Bombardements schwer beschädigt. Dennoch gelang dem Ulmer Unternehmen rasch die Rückkehr in die erste Liga der Omnibushersteller: Das erste Modell mit selbsttragender Karosserie wurde 1951 zunächst unter dem Namen KKS (Karl Kässbohrer Selbsttragend) vorgestellt. Ein Jahr später baute man die deutschlandweit ersten Gelenkbusse, die den städtischen Nahverkehr geprägt haben und später von vielen Herstellern angeboten wurden. Die modernen Reisebusse verkaufte man seit den 1950er-Jahren unter der Marke Kässbohrer Setra. Um 1970 waren die Karl Kässbohrer Fahrzeugwerke einer der bedeutendsten Bushersteller Europas und eine der größten GmbHs in Deutschland.

Dann begann der Stern zu sinken: Zunehmend dominierten die großen internationalen Konzerne das

**Bis in die 1930er bot Kässbohrer auch Pkw-Aufbauten an, hier ein Lancia Lambda.**

entwicklung der Lkw-Anhänger, die sein Vater frisch ins Programm genommen hatte. Otto Kässbohrers Spezialität wurden die Omnibusse, wobei er immer wieder mit technischen Innovationen Aufmerksamkeit erregte. 1930 baute Kässbohrer für einen Stammkunden einen Ausflugsomnibus. Da der Kunde zwecks bestmöglicher Aussicht ein rundum verglastes Fahrzeug mit schmalen Fenstersstegen wünschte, konstruierte man in Ulm den ersten Omnibus in

Omnibus-Geschäft. Nachdem mit Otto Kässbohrer im Jahr 1989 auch der zweite der Inhaber-Brüder gestorben war, begannen die Auflösung und der Verkauf des Unternehmens. Daimler-Benz übernahm 1995 die Setra-Produktion in Neu-Ulm und legte sie mit seiner Sparte Mercedes-Benz-Busse zur Konzerntochter Evobus zusammen. Diese verwendet die Marke Setra weiterhin für Reisebusse. Auch die Marke Kässbohrer gibt es weiterhin: Die Kässbohrer Geländefahrzeug AG in Laupheim ist Hersteller der bekannten Pisten-Bullys für den Wintersport. Die Pistenraupen werden seit 1969 hergestellt, 1994 ist die Sparte aus dem Kässbohrer-Konzern herausgelöst worden. Außerdem ist ein 1968 eingerichtetes österreichisches Produktionswerk nahe Salzburg im Familienbesitz geblieben. Es bietet heute unter dem Namen Kässbohrer Transport Technik Sattelzugauflieger für Kühltransporte und Lkw für den Autotransport an.

**Die langjährigen Chefs im Betrieb: Otto (Mitte) und Karl Kässbohrer (rechts).**

# Smart

**Wer am Ende des 20. Jahrhunderts eine neue Automobilmarke etablieren wollte, musste sich etwas einfallen lassen. Der Markt war längst von den großen Herstellern besetzt, die selbst kleinste Marktlücken füllten. Und doch war da noch Platz für ein besonders kleines Auto.**

*Seitenmitte: Die Kleinwagenmarke Smart ist eine der jüngsten im Daimler-Konzern.*

Legt man sehr strenge Maßstäbe an den Titel dieses Buches an, gehört die Automobilmarke Smart gar nicht hinein. Die Wurzeln der Marke liegen im schweizerischen Biel, und produziert wird seit dem Start im Jahr 1998 im lothringischen Hambach, kurz hinter der Grenze zwischen dem Saarland und Frankreich. Doch weil hinter Smart der Daimler-Konzern steht und weil die Unternehmenszentrale immer in Baden-Württemberg war – erst in Renningen, heute in Böblingen –, hat Smart seinen Platz als baden-württembergische Automarke.

Kleinstwagen waren in den Wiederaufbaujahren nach 1945 sehr erfolgreich und haben das Bild dieser Epoche mitgezeichnet. Als in den 1960er-Jahren

Automobile zum Allgemeingut wurden, ließ das Interesse nach. Wieso sollte man sich ein kleines Auto kaufen, wenn man sich auch ein großes leisten konnte? In den 1990er-Jahren betrachteten Experten die Welt wieder differenzierter: In den großen Metropolen wurde der (Park-)Platz für die Autos knapp, Spritverbrauch und Schadstoffemissionen bekamen eine größere Bedeutung als in den Jahrzehnten zuvor. Die geistige Vorarbeit für alternative Formen der Mobilität hat etwa um jenes Jahr herum begonnen, als das Automobil seinen 100. Geburtstag feierte: 1986.

Impulsgeber für den späteren Smart war ein Mann, der sich beruflich überhaupt nicht mit Autos beschäftigte, sondern mit Uhren: der Manager Nicolas Hayek, der die Schweizer Uhrenindustrie saniert hatte, doch vor allem mit den Billiguhren der Marke Swatch bekannt geworden ist. Auf dem Höhepunkt des Swatch-Booms der 1980er-Jahre entwickelte er die Idee, einige dieser Erfolgsfaktoren auf ein komplett anderes Produkt zu übertragen: einen Kleinwagen, der jung, bunt, billig, zeitgeistig und ein Kontrapunkt zu den Edelmarken am oberen Ende der Preisskala sein sollte. Nur bunt und billig zu sein, würde allerdings nicht reichen, so sein Gedanke. Deshalb sollte das Swatch-Auto, wie man es

anfangs nannte, mit innovativen Hybrid- oder Elektroantrieben ausgestattet werden.

Der erste Partner, den Hayek sich für sein Auto-Projekt suchte, schien genau der richtige zu sein: Volkswagen, die Marke, die mit dem Käfer den ersten bundesdeutschen Auto-Boom ins Rollen gebracht hatte und sich mit Kleinwagen auskannte. Doch die Wolfsburger waren offenbar nicht experimentierfreudig und stiegen aus der

**Die Werkseröffnung 1997 in der deutsch-französischen Grenzregion war ein Politikum: Präsident Chirac und Bundeskanzler Kohl.**

**In der Smartville Hambach werden die Kleinwagen seit 1998 produziert.**

Kooperation wieder aus, bevor sie konkret wurde. Dafür zeigte sich Daimler-Benz interessiert: Man hatte zwar praktisch keine Erfahrung mit Kleinwagen, doch die Pläne für die kommende A-Klasse bereits in der Schublade. Und man konnte sich ein noch kleineres, smartes Stadtmobil vorstellen. 1994 gründete Nicolas Hayek gemeinsam mit Daimler-Benz im schweizerischen Biel die Micro Compact Car AG. Der Ausstieg von Hayek aus dem gemeinsamen Projekt nach nur vier Jahren hat viele Fragen offen gelassen. Als mögliche Gründe wurden genannt, dass Hayek seine Investition in die Anlaufkosten des Projekts nicht erhöhen wollte, dass man sich über den Produktnamen Swatch nicht einig wurde oder dass Daimler-Benz die vorgesehenen Hybrid- und Elektromotoren noch nicht für marktreif hielt, während Hayek nicht auf dieses Marketing-Argument verzichten wollte. Daimler hat die Marke Smart letztlich ab Herbst 1998 im Alleingang auf den Weg gebracht und setzte auf kleine Verbrennungsmotoren – ganz so, wie sie bei den Kleinstwagen der Nachkriegszeit erfolgreich gewesen waren.

Aus der Micro Compact Car AG wurde zunächst die Micro Compact Car Smart GmbH und schließlich die Smart GmbH, deren erstes Modell im Oktober 1998 in den Verkauf ging: das Smart City Coupé. Als 2004 auch ein viertüriges und viersitziges Smart-Modell erschien, wurden die Modellnamen angepasst: Der zweisitzige Smart hieß nun Smart Fortwo, der Viersitzer Smart Forfour. Eine lupenreine Erfolgsgeschichte ist die Smart-Story nicht geworden: Trotz anfänglicher Verkaufserfolge sind die hochgesteckten Vertriebsziele der ersten Modellgenerationen nie erreicht worden. Die so genannten Smart-

**Der Smart Roadster war kein Markterfolg.**

**Auch Smart setzt auf Modelle mit Elektroantrieb.**

Center mit ihren weit sichtbaren Glastürmen, aus denen sich Interessenten – so jedenfalls der Wunsch des Marketings – quasi ihr »Auto to go« herauspicken sollten, sind längst wieder verschwunden. Ebenso die Modellversionen Roadster und Roadster Coupé, die am Markt floppten. Auch das Verhältnis von Produktqualität und Kaufpreis – Kleinstwagen zum kleinen Preis waren die Smart-Modelle von Anfang an nicht – wurde heiß diskutiert.

Die Marke hat die Turbulenzen der 2000er-Jahre überstanden. Im Herbst 2006 wurde Smart zu einer Marke der Mercedes-Benz-Autosparte und damit Teil der heutigen Daimler AG. 2014 ist die dritte Smart-Generation in den Handel gekommen, bestehend aus den Modellen Fortwo und Forfour. Auch einen Elektro-Smart gibt es in der neuen Modellgeneration, ganz so, wie es sich Nicolas Hayek schon zwei Jahrzehnte zuvor gewünscht hatte.

**Karosseriebaubetriebe wurden in der Regel von Meistern ihres Fachs gegründet. Eine Ausnahme machte Hermann Spohn in Ravensburg. Der Fabrikantensohn ließ 1920 die Firma »Hermann Spohn, Carosseriebau« ins Handelsregister eintragen.**

Es ist nicht viel über den Unternehmensgründer Hermann Spohn dokumentiert. Er kam 1876 in Ravensburg zur Welt und war der fünfte Nachkomme einer kinderreichen Industriellenfamilie. Die Spohns waren in der Textil- und der Zementindustrie tätig. Es ist naheliegend, dass Hermann Spohn im Familienbetrieb arbeitete, bevor er im Ersten Weltkrieg zum Militär eingezogen wurde – doch man weiß es heute nicht mehr genau. Dies vor allem, weil Hermann Spohn bereits drei Jahre nach Gründung der Firma starb. Die Geschäftsleitung übernahmen sein leitender Techniker Josef Eiwanger und sein Bruder Theodor Spohn.

Da in der Familie Karosseriebauerfahrung nicht vorhanden war, verließ man sich auf versierte Mitarbeiter, die in dieser Branche ausgebildet waren. Bekannt, auch berühmt, wurden die Spohn-Karosserien aus Ravensburg, weil das Unternehmen praktisch Exklusiv-

**Spohn war nahezu ausschließlich auf Maybach-Modelle spezialisiert.**

**Ein Maybach Zeppelin Cabriolet mit Spohn-Karosserie bei einer automobilen Schönheitskonkurrenz.**

Karosserieschneider für die Maybach-Motorenwerke im benachbarten Friedrichshafen wurde. Maybach (Seite 89) baute von 1921 bis 1941 Automobile, die zu den begehrtesten und teuersten in Europa gehörten. Wie damals in der Automobil-Oberklasse nicht unüblich, bot Maybach keine fertig karossierten Fahrzeuge an, sondern lediglich fahrbereite Chassis, die auf Kundenwunsch bei spezialisierten

Karosseriebetrieben zum Auto mit Blech, Leder, Lack und allem Drum und Dran gemacht wurden. Dass die Pläne von Maybach, in die Automobilfertigung einzusteigen, der Anlass für die Gründung des Ravensburger Betriebs waren, ist unwahrscheinlich. Die ersten Aufträge für Maybach-Karosserien gingen erst Mitte der 1920er-Jahre ein. Zuvor hat sich Spohn wohl vor allem mit Reparaturen und der Herstellung

von Rädern beschäftigt. Auch wenn Spohn nie Fahrzeuge mit eigenem Markennamen hergestellt hat, erarbeitete sich der Karosseriebauer so viel Bekanntheit, dass er in diesem Buch sein eigenes Kapitel bekommen sollte.

Mit Karosserien für Luxus-Automobile trat Spohn in direkte Konkurrenz zu etablierten Betrieben wie Erdmann & Rossi sowie Josef Neuss, Berlin, und Gläser, Dresden. Durchaus bemerkenswert, dass sich die Newcomer schnell und nachhaltig etablieren konnten. Im Fall Maybach hatte Spohn einen klaren Standortvorteil: Fabrikneue Chassis mussten zunächst einige Kilometer lang »eingefahren« werden. Diese Probefahrt konnten die Maybach-Techniker mit der Überführung von Friedrichshafen nach Ravensburg erledigen; den Rückweg nahmen sie dann mit der Bahn. Da Spohn sich als Betrieb von vergleichbar hohem Qualitätsverständnis erwies, war es naheliegend, dass Maybach seinen Kunden diesen Partner empfohlen hat: In den späten 1920er-Jahren wurden die Spohn-Musterbücher bereits zum Verkaufsgespräch bei Maybach in Friedrichshafen vorgelegt. Spohn hat in den ersten 20 Jahren seines Bestehens zwar auch Karosserien für Fahrzeuge anderer Marken hergestellt, doch nur wenige. Die Maybach-Kunden haben die Ravensburger Kapazitäten fast komplett ausgelastet.

Im Vergleich zur teils extravaganten nationalen und europäischen Konkurrenz zeichneten sich die Spohn-Karosserien durch stilistische Zurückhaltung aus. Fast so,

als wolle man die Devise »Mehr sein als scheinen« in das Design exklusiver Automobile übersetzen. Spohn bot gut ausgestattete, aber nicht überladene Limousinen, sechssitzige Pullman-Reisewagen sowie Cabriolets als standardisierte Karosserien an, erfüllte darüber hinaus selbstverständlich exklusive Kundenwünsche. Bis in die späten 1930er-Jahre bekam der Kunde zunächst eine Zeichnung

**Eine Werbeanzeige aus dem Jahr 1931.**

seines Wunschfahrzeugs im Maßstab 1:20 oder 1:10 vorgelegt, welche die Form und die Farbgebung exakt darstellte. Nach erfolgter Bestellung machten die technischen Zeichner daraus einen Plan im Maßstab 1:1. An dieser Zeichnung nahm der so genannte Anreißer Maß und übertrug sie auf das Eschen- und Buchenholz, aus dem der Karosserierahmen zusammengesetzt wurde. War das maßgefertigte Holzgerüst komplett, wurde es mit Karosserieblech bezogen. Spohn verfügte über eine werkseigene Presserei, um die Blechteile tiefzuziehen, bevor sie von Hand auf den Holzrahmen eingepasst wurden.

Als bedeutendste Spohn-Erzeugnisse bewerten Automobilhistoriker die Karosserien für die Maybach-Zwölfzylindermodelle. Der 1930 vorgestellte DS 7 (DS steht für Doppel-Sechs, da es sich um zwei parallel zueinander arbeitende Sechszylinderblöcke handelt; die 7 gibt den Hubraum in Litern an) war das erste Maybach-Modell, das als komplettes

Fahrzeug im Verkaufsprospekt stand – selbstverständlich in Kooperation mit Spohn. Gemeinsam hatten die beiden Partner Karosserie und Ausstattung des Wagens definiert. Ein Jahr später folgte der Maybach DS 8 mit acht Litern Hubraum für besonders zahlungskräftige Kunden. Entsprechend auserlesen wurden die Spohn-Karosserien dieser Luxusfahrzeuge gestaltet. Von 1932 an baute Spohn im Auftrag von Maybach eine Reihe spektakulärer Stromlinienkarosserien für die neuen Friedrichshafener Zeppelin-Spitzenmodelle.

Die Sonderstellung von Spohn als handwerklicher Hersteller prachtvoller Automobile wurde dem Unternehmen nach dem Zweiten Weltkrieg zum wirt-schaftlichen Debakel: Der wichtigste Partner Maybach hatte aufgehört, Autos zu produzieren, denn es gab im Deutschland der Wiederaufbauzeit keinen Luxus-Markt mehr. Die Großserien-Automobilindustrie und die modernen selbsttragenden Karosserien machten spezialisierte Karosseriebauer sehr schnell überflüssig. Betrachtet man Spohn-Entwürfe der Nachkriegszeit, so fehlt ihnen auch der sichere, dezente Stil der großen Jahre. Von 1949 bis 1951 halbierte sich mangels Aufträgen die Belegschaft von 130 auf 66 Mitarbeiter. Der Abwärtstrend hielt an, obwohl Spohn auch Aufträge außerhalb des Automobilsektors annahm. 1957 schloss der Karosseriebauer für immer die Werkstore.

**Stromlinienkarosserien waren in den 1930ern Chiffre für Modernität. Auch hier gelangen Spohn wegweisende Entwürfe mit Maybach-Fahrzeugen.**

# Steiger

**Die Geschichte der Automobilfertigung bei Steiger ist so kurz wie abenteuerlich und erzählt von einer Zeit, als es möglich schien, allein mit handwerklichem Können und unternehmerischem Mut Automobilfabrikant zu werden.**

In Burgrieden nahe Ulm sind einmal Autos gebaut worden. Allerdings nur zwischen 1918 und 1926, dann war die Marke wieder verschwunden. Der 1881 geborene Firmeninhaber und Namensgeber Walther Steiger entstammte einer Familie, die ursprünglich aus der Schweiz nach Oberschwaben gekommen war. Er studierte Chemie in der Schweiz und übernahm 1907 eine Textilmanufaktur in Burgrieden, die sein Vater aufgebaut hatte. Mit Beginn des Ersten Weltkriegs wurde der Betrieb

in die Rüstungswirtschaft einbezogen. Man stellte in Burgrieden als eine von wenigen Firmen in Deutschland ein robustes Textilmaterial her, das sich als Bespannung für Flugzeuge eignete. Daher wurde Walther Steiger zur Instandsetzung von Militärflugzeugen verpflichtet, und die Heeresverwaltung ließ nahe des Betriebs eine Flugzeughalle und ein Flugfeld errichten. In den Kriegsjahren stellte Steiger außerdem Zünder für Bomben her und reparierte die Motoren von Jagdflugzeugen. Maschinen und Werkzeuge dazu lieferte ebenfalls die Militärverwaltung.

Weil Walther Steiger als Chemiker von all dem wenig Ahnung hatte, ordnete das Militär einen technischen Leiter nach Burgrieden ab: den Ingenieur Paul Henze. In seinem zivilen Beruf war Henze Automobilkonstrukteur, und damit beginnt die kurze Geschichte der Steiger-Automobile. Walther Steiger war zwar kein Techniker, aber ein Tüftler, und gemeinsam machten die beiden Männer sich ab 1916 Gedanken, wie es mit dem Unternehmen weitergehen könnte, wenn der Krieg vorbei wäre. Zunächst entwickelten und bauten sie – Werkzeuge, Maschinen und Material aus den Beständen des Militärs waren im Betrieb ja vorhanden – einen schweren Ackerschlepper, der von einem Flugmotor angetrieben wurde. Es blieb bei diesem Prototyp.

Paul Henze wollte lieber ein Auto bauen und konstruierte einen technisch raffinierten Vierzylindermotor aus Aluminium mit Zylinderblock aus Grauguss. Der Perfektionist Henze widmete seine Aufmerksamkeit sogar der Formgebung des Motors und tüftelte an einem markanten Klang der Auspuffanlage. Ein erstes komplettes Steiger-Automobil wurde im November 1917 fertig. Der rastlose und eigenwillige Paul Henze verabschiedete sich schon 1922 wieder von den Steiger-Werken, um beim Unternehmen Simson in Suhl, einem ehemaligen Waffenproduzen-

**Links: Walther Steiger am Steuer eines seiner sportlichen Zweisitzer.**

**Rechts: Auch einige Limousinen der Marke Steiger sind gebaut worden.**

**Links: Steiger nutzte den Motorsport fürs Marketing; auch erste Fahrerinnen beteiligten sich an den Rennen.**

**Rechts: Der Vierzylindermotor war bis hin zur Formschönheit durchkonstruiert.**

ten, der nun ebenfalls Fahrzeuge herstellte, Sportwagen zu entwickeln.

Mit dem Verlust des leitenden Ingenieurs begann eigentlich schon der Niedergang der Automobilmarke Steiger. Zwar kam 1921 ein begabter Karosseriebauer ins Unternehmen, der den Fahrzeugen ein charakteristisches Markengesicht gab. Und auch das Marketing war zeittypisch und wirkungsvoll: Das Werk schickte leistungsstarke Versionen seines Steiger-Wagens bei Sportveranstaltungen ins Rennen und machte den Markennamen damit bekannt. Doch die wirtschaftlich turbulenten 1920er-Jahre waren für einen so spezialisierten Hersteller eine hohe Hürde: In einer Dekade von wirtschaftlichen Krisen, politischen Unruhen und Inflation gab es nicht genügend Käufer für hochklassige Modelle wie die von Steiger, die

in Fachkreisen sogar mit den Bugatti-Modellen aus dem Elsass verglichen wurden. Die Steiger-Wagen, die vorwiegend als offene Touren- oder Sportwagen gebaut wurden, leisteten zwischen 50 und 70 PS, die Rennversionen bis zu 100 PS. Erkennungsmerkmal der Marke Steiger waren der gepfeilte, formschöne Spitzkühler sowie ein metallener Steinbock als Kühlerfigur. Den Steinbock trug die ursprünglich schweizerische Familie in ihrem Familienwappen. Etwa 1200 Steiger-Wagen sind zwischen 1918 und 1926 gebaut worden; heute existieren noch zwei fahrbereite Modelle.

In der großen Automobilkrise von 1926 meldete die Steiger AG, wie das Unternehmen seit 1921 firmierte, Konkurs an. Walther Steiger, der in Burgrieden zeitweilig bis zu 500 Menschen beschäftigt hatte, verlor den Glau-

ben an seine Berufung zum Automobilfabrikanten dennoch nicht. Schon 1924 hatte er gemeinsam mit seinem Bruder Robert die Aktienmehrheit des einzigen bedeutenden Schweizer Autoherstellers erworben: Martini in Saint-Blaise bei Neuchâtel. Da er in Deutschland Vermögen und Grundbesitz verloren hatte, zog er nach dem Konkurs in die Schweiz und machte sich zum technischen Leiter von Martini. Mit luxuriösen Sechszylinder-Modellen, die in der Schweiz als Martini-Six, in Deutschland als Steiger-Martini verkauft wurden, wollte er den Erfolg ernten, der ihm in Burgrieden verwehrt geblieben war. Auch im zweiten Anlauf hatte er kein Glück. Die in Manufaktur-Art hergestellten Martini-Modelle waren zwar von hoher Qualität, doch zu teuer. Auch in der Schweiz waren Großserien-Autos mittlerweile gefragter. Im Sommer 1934 hat das letzte neue Automobil die Werkshallen von Martini in Saint-Blaise verlassen.

**Trotz Anerkennung aus Fachkreisen währte die Steiger-Geschichte nur kurz.**

# Unimog

Wäre der Unimog geworden, was er hätte sein sollen, wäre er kein Thema für dieses Buch. Er wurde als landwirtschaftliche Zugmaschine geplant. Erfolgreich sind die Unimog-Modelle dann als Allrad-Lkw geworden, die Wege finden, wo gar keine sind.

Der Unimog ist ein Kind der ersten Nachkriegsjahre, auf den Weg gebracht von zwei ehemaligen Ingenieuren von Daimler-Benz. Sie beschäftigten sich mit der Frage, welche Art von Fahrzeug für den Wiederaufbau Deutschlands wichtig und erfolgversprechend sein könnte. Ihre Antwort: eine Zugmaschine für die Landwirtschaft. Dies auch vor dem Hintergrund, dass die Alliierten das besiegte Deutschland viel-

*Geländegängiger und unverwüstlicher Klein-Lkw.*

leicht nur als Agrarstaat wieder auf die Beine kommen lassen würden. Die Maschine, deren erste Skizzen im Sommer 1945 entstanden sind, sollte vielseitiger sein als die bis dahin üblichen Traktoren: schneller und geeignet für den Straßenverkehr einerseits, allradgetrieben und geländegängig andererseits. Der Entwurf zeigte ein Fahrzeug mit vier gleich großen Rädern und einer Ladefläche. Der Motor sollte über so genannte Zapfwellen landwirtschaftliche Geräte wie Sägen oder Dreschmaschinen antreiben. Ein echtes »Motorgetriebenes Universalfahrzeug für die Landwirtschaft« eben, wie frühe Zeichnungen betitelt waren.

Albert Friedrich und Heinrich Rößler, die beiden Ingenieure, durften aufgrund alliierter Bestimmungen zunächst nicht wieder für Daimler-Benz arbeiten. Ab Herbst 1945 suchten sie nach einem Unternehmen zur Entwicklung des Fahrzeugs, das Rößler im Januar 1946 in einer Zeichnung konkret festhielt. Diesen Partner fanden sie in Schwäbisch Gmünd: den metallverarbeitenden Betrieb Erhard & Söhne. Mit Genehmigung der Militärverwaltung – das Projekt war als landwirtschaftliches Gerät angemeldet – konnte der Fahrzeugbau beginnen, Ende 1946 ist ein erster Prototyp fertiggestellt worden. Einen Namen hatte man mittlerweile auch gefunden: Unimog. Mit dieser Abkürzung für »Universal-Motorgerät« hatte ein Mitarbeiter der Entwicklungsmannschaft in Schwäbisch Gmünd die Zeichnungen beschriftet, mit denen man Bauteile bei Zulieferern bestellte.

Zwei Dinge mussten nach den ersten Tests des Prototypen verbessert werden: Das aus Vorkriegsbeständen stammende Viergang-Schaltgetriebe war für den Einsatz im Gelände nicht geeignet. Vor allem aber brauchte der Unimog einen Dieselmotor. Bei der beruflichen Herkunft der federführenden Ingenieure naheliegend,

**Ursprünglicher Einsatzzweck war die Landwirtschaft.**

**Frühe Unimog-Modelle im Testbetrieb.**

hatte man sich für Mercedes-Benz als Motorenlieferant entschieden und einen Benzinmotor in den Prototypen eingebaut; ein geeigneter Vierzylinder-Diesel war bei Mercedes-Benz erst im Entwicklungsstadium. Das Unimog-Projekt plante dennoch mit diesem Motor, und tatsächlich wurden im Frühjahr 1947 termingerecht die ersten Aggregate aus Untertürkheim nach Schwäbisch Gmünd geliefert. Für die nun anlaufende Vorserie von 100 Unimog-Modellen fehlten Erhard & Söhne allerdings die Produktionskapazitäten. Daher bot sich die Maschinenfabrik Gebr. Boehringer in Göppingen an, die bereits mit der Entwicklung eines neuen Sechsganggetriebes für den Unimog beauftragt war. Boehringer übernahm im Februar 1948 das gesamte Unimog-Team mit Konstruktion und Prototypenbau; Erhard & Söhne blieb weiterhin Unimog-Zulieferer.

Erstmals öffentlich zu sehen war ein Unimog auf einer landwirtschaftlichen Ausstellung in Frankfurt am Main im Spätsommer 1948, wo erste Kaufverträge mit Kunden abgeschlossen wurden. Wenig später lief die Produktion der bestellten Fahrzeuge an. Im März 1949 wurde der erste Unimog an seinen neuen Besitzer übergeben: den Bürgermeister des Örtchens Bürg bei Winnenden. Er bewirtschaftete Wald, Weinberge sowie Obstgärten und fuhr die Früchte auf den Wochenmarkt nach Stuttgart. Genau der ursprüngliche Bestimmungszweck eines Unimog also.

Die ersten 100 Unimog waren rasch verkauft, und eine weitere Serie von 500 Fahrzeugen ging in Planung. Damit hatte das Projekt eine Größenordnung erreicht, die es für den Motorenlieferanten und Fahrzeughersteller Daimler-Benz interessant machte, die Produktion ins eigene Werk zu holen. Da Boehringer zu dieser Zeit bereits wieder genügend Aufträge für sein eigentliches Metier, den Werkzeug-

maschinenbau hatte, einigte man sich schnell: Im Herbst 1950 übernahm Daimler-Benz alle Konstruktionsunterlagen und Patente und startete die Unimog-Fertigung im Frühsommer 1951 im Mercedes-Benz-Werk Gaggenau. Dort sind die Unimog 50 Jahre lang gebaut worden, bevor die Produktion 2002 in das 50 Kilometer entfernte Lkw-Werk Wörth von Mercedes-Benz umgezogen ist. Bis etwa

**Unentbehrlicher Helfer bei Kommunalbetrieben.**

Unimog-Modelle der frühen 1950er im Einsatz: als Helfer auf einem Bergbauernhof und als Feuerwehrfahrzeug in Südamerika, ausgerüstet vom Gerätehersteller Metz.

1955 trugen die Unimog noch das Markenzeichen, das Boehringer in Göppingen ihnen gab: einen roten, stilisierten Ochsenkopf, dessen Hörner ein U formten. Danach hat auch der Unimog den Mercedes-Stern bekommen.

Schon in den ersten Jahren hat sich herausgestellt, dass der Alleskönner Unimog eigentlich mehr konnte, als die Landwirtschaft brauchte. Und dass er auch zu teuer für kleine landwirtschaftliche Betriebe war. Dafür war er als Allzweckfahrzeug umso interessanter für kommunale Betriebe, Straßenverwaltungen und für die kommerzielle Nutzung. Unimogs sieht man heute weltweit auf den

Straßen. Und dort, wo keine Straßen mehr sind, aber ein Fahrzeug gebraucht wird. Die extrem geländegängigen Unimog-Modelle tun Dienst bei Feuerwehren, bei Baufirmen, im Bergbau, als Expeditionsfahrzeuge. Nicht zu vergessen auch beim Militär, das immer wieder große Stückzahlen ordert.

Doch ein Unimog geht den Menschen auch ans Herz. Die weltweite Fan-Szene ist groß und verschworen. Die Produktionszahlen dieses sehr speziellen Klein-Lkw sind beachtlich: Seit 1949 sind etwa 350 000 Fahrzeuge der diversen Unimog-Baureihen hergestellt worden.

**Der Name dieser kurzlebigen Automobilmarke klingt bei Experten bis heute nach. In Südwürttemberg und Baden sind ab 1947 erst Rennwagen, später auch Straßensportwagen in kleiner Stückzahl produziert worden.**

nitiator der »Veritas-Arbeitsgemeinschaft für Sport- und Rennwagenbau« in Krauchenwies bei Sigmaringen war der ehemalige BMW-Rennleiter Ernst Loof. Er sammelte 1947 in der damaligen französischen Besatzungszone einige ehemalige BMW-Mitarbeiter um sich. Zweck des Unternehmens war, Wettbewerbsfahrzeuge auf Basis von Vorkriegs-Rennwagen der bayerischen Marke an den Start zu bringen. Den Namen Veritas soll Loof spontan erfunden haben, als ein Vertreter der französischen Militärverwaltung im Genehmigungsverfahren fragte, wie das beantragte Unternehmen denn heiße. In einer ehemaligen Rüstungsfirma entstanden in Einzelfertigung einige Fahrzeuge, die in der Motorsportsaison 1948 erste Achtungserfolge einfuhren. Sie wurden bei diesen Rennen als BMW-Veritas gemeldet, aber

Der Rennwagen Veritas RS mit BMW-Motor.

nicht lang. Nachdem die BMW-Veritas durch die Presse gingen, ließ die BMW-Zentrale in München die Verwendung ihres Markennamens durch ein Privatteam verbieten.

Derweil war Veritas umgezogen und hatte seinen Firmensitz nun in Meßkirch, wenige Kilometer entfernt und kurz hinter der badischen Grenze. Die Rennwagen vom Typ Veritas RS dominierten für wenige Jahre die deutsche Motorsportszene der Nachkriegszeit. Die etwa 40 gebauten Veritas-Rennwagen gingen wahlweise in der Sportwagen- oder in der Formel-2-Klasse an den Start und wurden an Rennfahrer in Deutschland und Europa verkauft. Der Stuttgarter Rennfahrer und Verleger Paul Pietsch war 1950 und 1951 in seinem Veritas beim Eifelrennen auf dem Nürburgring siegreich.

Motorsport kann zwar Ehre einbringen; Geld bringt er so gut wie nie in die Kasse. Deshalb begann Veritas Ende 1949 mit der Entwicklung von Sportwagen mit Straßenzulassung. Erstes Modell war das Sportcoupé Comet, eine gedrosselte Variante des Veritas RS mit zwei Liter Hubraum, 100 PS Leistung und einer schnittigen Karosserie des Ravensburger Spezialisten Spohn (Seite 133). Der Comet war zu seiner Zeit das teuerste deutsche Serienautomobil, von dem – unter anderem wegen seines Preises – nur acht Stück gebaut worden sind. Um für den Bau von straßenzugelassenen Autos genügend Kapazitäten zu schaffen, zog Veritas 1950 erneut um, diesmal nach Muggensturm nahe Rastatt.

Da BMW keine weiteren Motoren zur Verfügung stellte, hatte Veritas mittlerweile seinen eigenen Motor konstruiert und ließ ihn bei Heinkel in Stuttgart produzieren. Die Karosserien kamen weiterhin überwiegend von Spohn aus Ravensburg. Die Straßenfahrzeuge hießen nun Scorpion (zweisitziges Cabriolet) und Saturn (zweisitziges Coupé), die Rennwagen wurden »Comet S« und »Meteor« (Formel-2-Monoposto) genannt. Schon 1950 verzettelte sich Veritas allerdings mit seinen Aktivitäten: Die

**Vom Kleinwagen Dyna-Veritas entstanden in Kooperation mit der französischen Marke Panhard nur kleine Stückzahlen.**

**Links: Veritas-Sportcabriolet mit Spohn-Karosserie.**

**Rechts: Letzte Station Nürburgring: Vom Modell Veritas-Nürburgring Coupé entstanden nur noch drei Stück.**

Formel-2-Rennwagen schieden wegen technischer Defekte häufig aus und ruinierten den gerade erst erworbenen Ruf. Die etwa 20 hergestellten exklusiven Cabriolets und Coupés waren viel zu teuer für den damaligen Markt. Die Geschäftsleitung schloss zwar noch ein Abkommen mit dem französischen Automobilbauer Panhard über eine Lizenzfertigung von Kleinwagen des Modells Dyna, dennoch ging Veritas im Herbst 1950 in Konkurs.

Ernst Loof, der Unternehmensinitiator, wollte sein Kapitel Automobilgeschichte noch nicht endgültig zuschlagen. Er schaffte aus der Konkursmasse Material und Maschinen an den Nürburgring und nahm in den ehemaligen Boxen des Rennstalls Auto Union die Produktion der Veritas-Wagen wieder auf. Unter der Marke Veritas-Nürburgring entstanden nochmals um die 20 Luxus-Sportwagen mit Heinkel-Motor und Spohn-Karosserie. Außerdem betreute Ernst Loof die Rennwagen von Privatfahrern. Beides ohne Erfolg: Die Rennsaison 1952 wurde überschattet von schweren Unfällen mit Veritas-Wagen; der Motorenlieferant Heinkel stellte die Produktion der Motoren wegen zu geringer Stückzahlen ein. Im August 1953 meldete Ernst Loof endgültig Konkurs an.

**Das Fellbacher Unternehmen, ursprünglich ein Karosseriebaubetrieb, gehörte einmal zu den großen deutschen Omnibusherstellern. Ein Betrieb dieses Namens besteht bis heute: als Kfz-Reparaturwerkstatt.**

Vetter war zunächst ein typischer Karosseriebauer seiner Ära und wurde 1922 von Walter Vetter in Cannstatt bei Stuttgart als Karosserie- und Fahrzeugbau GmbH gegründet. Wie andere Betriebe dieser Art stattete Vetter die Fahrgestelle namhafter Automobilmarken mit Karosserien aus. Zwar lieferte die Autoindustrie auch damals schon komplette Fahrzeuge, doch war das Auto von der Stange bis in die 1930er-Jahre noch nicht die Regel. Handwerkliche Karosseriebetriebe konnten individuelle Kundenwünsche besser bedienen.

Da Mercedes-Benz dem Cannstatter Betrieb, der 1937 auf ein größeres Werksgelände ins nahegelegene Fellbach umgezogen war, praktisch vor der Haustüre lag, baute Walter Vetter vor allem Karosserien für Fahrzeuge dieser Marke. Zwei Vetter-Karosserien haben die Automobilgeschichte mitgeschrieben: 1932 entstand eine Aluminium-Karosserie nach dem Entwurf des schwäbischen Aerodynamikers Reinhard Freiherr von Koenig-Fachsenfeld. Die Karosserie war für den damaligen Super-Rennwagen Mercedes-Benz SSKL des Werksfahrers Manfred von Brauchitsch bestellt worden. Beim AVUS-Rennen 1932 auf der Berliner Hochgeschwindigkeitsstrecke holte sich von Brauchitsch damit einen souveränen Sieg. Sein Stromlinienwagen, den der Fahrer seiner Form wegen »Gurke« nannte, hatte einen um 25 Prozent geringeren Luftwiderstand als die SSKL-Werkswagen mit

**Aerodynamik-Karosserien waren eine Spezialität der Fellbacher.**

Standardkarosserie. Sechs Jahre später bekam Vetter vom Stuttgarter Forschungsinstitut für Kraftfahrwesen und Fahrzeugmotoren unter Leitung von Wunibald Kamm den Auftrag, den aerodynamisch optimierten Versuchswagen BMW K1 zu bauen.

Vetter war zu dieser Zeit führend für Spezialkarosserien und erwarb Lizenzen des Aerodynamik-Spezialisten Paul Jaray für stromlinienförmige Omnibusse. Schnittig-

keit im Fahrzeugbau war in der zweiten Hälfte der 1930er-Jahre ein Symbol für Fortschrittlichkeit, auch wenn die Formen nicht wirklich windkanalgetestet waren.

Mit dem Bau von Omnibussen in großem Stil hat Vetter allerdings erst in den Nachkriegsjahren begonnen. Zunächst karossierte das Vetter-Werk Fahrgestelle fast aller namhaften Nutzfahrzeugmarken und stieg dank gutem Design, hoher Qualität und individuellen Entwürfen in

**Das Markenzeichen der Vetter-Busse war ein stilisiertes »V«.**

die Spitzengruppe der Omnibus-Ausstatter auf. Weiteres Geschäftsfeld war in Fellbach eine Reparaturwerkstatt für Omnibusse. Pkw-Karosserien hat Vetter seit den 1950er-Jahren nicht mehr angeboten, da in diesem Bereich für handwerkliche Karosseriebauer kaum mehr ein Geschäft zu machen war.

Dafür wurde die Nachfrage nach Stadt-, Überland- und Reisebussen größer. Vetter baute Doppeldeckerbusse, Anderthalbdecker, spezielle Fahrzeuge für Stadtrundfahrten und Flughäfen, Gelenkbusse und Elektro-Oberleitungsbusse. In den 1970er-Jahren lieferte das Fellbacher Unternehmen etwa 200 Busse jährlich aus; die Stuttgarter Straßenbahnen bezogen einen großen Teil ihres Fuhrparks von Vetter. In dieser Ära waren

Fahrgestelle von Mercedes-Benz die Basis für die Vetter-Aufbauten. Meist trugen die Busse den Mercedes-Stern als Markenzeichen; nach 1967 entwickelte Vetter aber auch eigene Baureihen, für die man nur noch die Motoren zukaufte.

Das Markenzeichen von Vetter war ein V in einem Chromring, das oft erst auf den zweiten Blick vom Mercedes-Stern zu unterscheiden war. Stilistisch waren viele Vetter-Eigenentwicklungen an schräggestellten Fensterholmen der Seitenscheiben erkennbar, was einen dynamischen Eindruck vermittelte. Eine Spezialität des Fellbacher Herstellers waren Gelenkbusse für den Stadt- und den Überlandverkehr. In diesem Bereich expandierte Vetter in den 1970er-Jahren kräftig, was sich als Fehlinvesti-

**Links:** Der formschöne Mercedes-Benz-Bus OP 3750.

**Rechts:** Zur etwa gleichen Zeit entstand der Mercedes-Benz SSKL mit Stromlinienkarosserie von Vetter.

**Die Stuttgarter Straßenbahnen waren Großkunde für die Stadtbusse von Vetter.**

on erwies: Ein Mitte der 1970er-Jahre vorgestellter neuer Gelenkbustyp war technisch und wirtschaftlich nicht sehr erfolgreich. Vor allem aber stiegen Mercedes-Benz und andere Hersteller nun selbst in den Bau von Gelenk-Omnibussen ein und lieferten sich einen Preiskampf mit den kleineren Marken. Ähnlich umkämpft war in dieser Zeit der Markt für Reisebusse. Die großen Omnibusfabriken nutzten ihre Produktivitätsfortschritte, um das Geschäft mit Individualausstattungen zunehmend selbst zu ma-

chen. Damit wurde die Luft dünn für mittelgroße, handwerklich arbeitende Anbieter.

Die sinkenden Margen brachten Vetter in die Verlustzone: 1983 meldete der Betrieb Vergleich an. Das Reparaturwerk wurde im Insolvenzverfahren herausgelöst und besteht bis heute, während die Busproduktion nur noch Geschichte ist. Zwar wurden nach 1983 noch einige Reisebusse, Oberleitungsbusse oder Bücherbusse für Stadtbibliotheken produziert, doch kam auch für diese Sparte in den 1990er-Jahren das Ende.

**Klar, es ist nie ein Modell der Marke Volkswagen in Baden-Württemberg gebaut worden. Doch die Vorgeschichte des VW Käfer und damit des Unternehmens Volkswagen hat in Stuttgart begonnen.**

**D**ie Ursprünge der Marke Volkswagen sind ein politisches Thema, ein belastetes. Denn es war die nationalsozialistische Regierung Deutschlands, die sich nach 1933 die Idee zu eigen gemacht hatte, ein preiswertes, einfaches Auto zu bauen. Überlegungen dazu hatten Ingenieure allerdings schon seit etwa 1925 angestellt. Als Mitte der 1920er-Jahre die deutsche Automobilindustrie große Absatzeinbrüche erlebte, war die Idee eines für möglichst viele Menschen bezahlbaren Autos an der Zeit. Auch der Name »Volkswagen« stammt schon aus den späten 1920ern. Unter anderem hatten sich Hersteller wie DKW, Mercedes-Benz, NSU und Tatra mit preiswerten Kleinwagen beschäftigt, deren Äußeres den späteren Volkswagen andeutete.

**Käfer-Prototyp VW 30 von 1937.**

**Die Serien-Käfer liefen erst kurz nach dem Zweiten Weltkrieg von den Wolfsburger Bändern.**

Den Zuschlag für das Regierungsprojekt »Volkswagen« bekam 1934 Ferdinand Porsche. Jener Ferdinand Porsche, der nach dem Zweiten Weltkrieg gemeinsam mit seinem Sohn Ferry die Sportwagenmarke aufgebaut hat, die seinen Nachnamen trägt. Bevor er sich 1930 mit einem

Konstruktionsbüro, der späteren Dr. Ing. h. c. F. Porsche GmbH, in Stuttgart selbstständig machte, war der gelernte Installateur mehr als 20 Jahre lang für Daimler und Daimler-Benz tätig gewesen. 1906 fing er als Entwicklungs- und Produktionsleiter bei der Österreichischen Daimler-Motoren-Gesellschaft in Wiener Neustadt an. Unter anderem beschäftigte er sich in jungen Jahren mit Elektro- und Hybridfahrzeugen. 1923 wechselte er nach Stuttgart als Leiter des Konstruktionsbüros und Vorstandsmitglied der Daimler-Motoren-Gesellschaft (DMG). 1928 schied er, zwei Jahre nach der Fusion von Daimler und Benz, aus dem Unternehmen aus.

Ferdinand Porsche überzeugte die Machthaber davon, der richtige Partner für das Volkswagen-Projekt zu sein, um das sich mehrere Hersteller beworben hatten. Bis zu diesem Zeitpunkt gab es allerdings nicht mehr als einige Konstruktionszeichnungen seines Büros für das Fahrzeug. Porsche verfügte anders als seine Mitbewerber über keine Automobilproduktion: Die ersten Prototypen wurden in seiner Privatgarage im Feuerbacher Weg in Stuttgart zusammengebaut. Bald änderte sich der Name des Projekts: Aus dem Volkswagen wurde der KdF-Wagen (»Kraft durch Freude« war eine nationalsozi-

alistische Organisation, die die Freizeit der Deutschen organisieren und sie dabei ideologisch gleichschalten sollte). 1937 veranlasste die Regierung den Autohersteller Daimler-Benz, in Sindelfingen die Vorserien-

modelle für Porsche zu bauen, weil das Projekt ins Stocken geraten war. Auch hier berühren sich Volkswagen und Baden-Württemberg: Die Vorfahren des Käfer wurden bei Mercedes-Benz hergestellt!

**Ab 1937 arbeitete das Volkswagen-Projekt in Stuttgart-Zuffenhausen.**

**Seitenmitte:** Ferdinand Porsche entwickelte im Auftrag des Deutschen Reichs den Volkswagen.

**Gegenüberliegende Seite:** Testfahrten führten auch nach Tübingen; am Steuer Sohn Ferry Porsche.

Eine pikante Situation, denn Porsche und Daimler-Benz hatten nach der Nichtverlängerung seines Anstellungsvertrags die Gerichte mit gegenseitigen Forderungen bemüht und sich erst 1930 auf einen Vergleich geeinigt. Unterlagen und Erinnerungen der Beteiligten legen nahe, dass erst die Ingenieure von Daimler-Benz dem Käfer das Laufen beigebracht haben, weil sie die Pläne Porsches in etlichen Punkten veränderten. Dabei profitierten sie von eigenen Erfahrungen mit dem Kleinwagen-Projekt W 17, das nicht in Serie gegangen war. Außerdem hatte Mercedes-Benz seit 1933 den Typ 130 im Angebot, der heute nur noch Automobil-Experten bekannt ist. Der kleine Mercedes-Benz sieht dem späteren VW Käfer wie aus dem Gesicht geschnitten ähnlich.

Die 30 bei Mercedes-Benz gebauten Vorserien-KdF-Wagen wurden rund um Stuttgart ausgiebig getestet. Im Mai 1938 wurde nahe Fallersleben in Niedersachsen der Grundstein für das spätere Volkswagen-Werk gelegt und kurz darauf für die Beschäftigten eine neue Stadt mit Namen »Stadt des KdF-Wagens bei Fallersleben« gegründet – heute heißt der Ort Wolfsburg. Mit dem KdF-Wagen war ein Anspar-System verbunden, in das bis 1944 mehr als 336 000 Deutsche investierten. Mit Kriegsende 1945 waren diese Ersparnisse verloren. Wegen des beginnenden Zweiten Weltkriegs waren in Fallersleben nur ein paar Hundert KdF-Wagen produziert worden, das Geld der Sparer war auf einem Konto des untergegangenen Deutschen Reichs gelandet.

Die weitgehend unpolitische Geschichte der deutschen Wirtschaftswunder-Marke Volkswagen hat also erst im Juli 1945 in Niedersachsen mit den ersten VW Käfern aus Nachkriegsproduktion begonnen. Immerhin bot Volkswagen ehemaligen KdF-Sparern nach langem Hin und Her einen Rabatt von etwa 600 D-Mark beim Kauf eines VW Käfer an.

# Weinsberg

**Wohnmobile und Wohnwagen der Marke Weinsberg werden auch heute noch verkauft. Doch werden sie schon lange nicht mehr im Unterland hergestellt. Die Geschichte der Karosseriewerke Weinsberg hat 1912 begonnen.**

*Der NSU-Fiat Weinsberg trug seine Produktionsstätte im Namen.*

Das Unternehmen aus der Heilbronner Nachbarstadt Weinsberg hat eine Entwicklung genommen, die typisch war für viele Betriebe seiner Art. Ihre besten Zeiten erlebten die großen Karosseriebauer bis in die 1930er-Jahre. Bevor die Automobilfertigung in großen Stückzahlen sich etablierte, lebten Firmen wie die Karosseriewerke Weinsberg – meist wurde das Unternehmen einfach Weinsberg genannt – gut davon, motorisierte Fahrgestelle der Automobilhersteller mit Karosserien und Innenausstattungen als Einzelstücke oder in Kleinserie zu versehen. Die Geschichte der Marke Weinsberg ist dennoch be-

sonders, weil sie durch viele Hände gegangen ist und in Resten bis heute besteht.

1912 hatten zwei Handwerksmeister das Unternehmen gegründet, das sie nach seinem Standort benannten: »Karosseriewerke Weinsberg«. Die ersten Produkte des Betriebs, der Sattler, Schreiner und Wagner beschäftigte, waren Pferdekutschen und Automobilkarossen – alles handwerklich aus Holz und Leder hergestellt. Nach dem Ersten Weltkrieg nahm Weinsberg die Produktion von Automobil-Karosserien im Jahr 1920 wieder auf – wie gehabt mit Holzrahmen und lederbezogener Sperrholzbeplankung. Als

die Blechverkleidung in der Automobilindustrie aufkam – Blechkarosserien waren stabiler, sicherer und formschöner –, stieg auch Weinsberg rasch in diese Technik ein. 1925 vergaben die nahegelegenen NSU Motorenwerke (Seite 104) ihre Karosseriefertigung nach Weinsberg. Diesem ersten Großauftrag folgten viele weitere Bestellungen namhafter Marken, auch Mercedes-Benz ließ in Weinsberg Karosserien herstellen.

1930 kam als neuer Großkunde die Marke NSU-Fiat (Seite 100) hinzu, die die Automobilfertigung der NSU Motorenwerke übernommen hatte. Vor allem mit den Fiat-Aufträgen wuchsen die Karosseriewerke Weinsberg immens. 1937 beschäftigte das Unternehmen 700 Menschen in dem Städtchen, das selbst nur etwa 4500 Einwohner hatte. 1938 übernahm Fiat die Karosseriewerke vom verkaufswilligen Inhaber komplett, unter anderem um Produktionskapazitäten für den vielversprechenden Kleinwagen NSU-Fiat 500 zu schaffen. Fiat blieb über den Zweiten Weltkrieg hinweg Eigentümer des Werks; die Produktion von NSU-Fiat-Karosserien ist 1951 neu

**Die ersten Weinsberger Camping-Aufbauten entstanden auf Basis des Kleintransporters Fiat 328.**

**Auf Basis des Fiat 500 Topolino baute man vor dem Zweiten Weltkrieg den winzigen NSU-Fiat Weinsberg Roadster.**

aufgenommen worden, nachdem das Heilbronner Fiat-Werk wieder in Betrieb ging. Zwischenzeitlich hatten die Beschäftigten ab 1950 Karosserien für die Marke Gutbrod (Seite 65) hergestellt. Ein Sondermodell des Fiat 500 wurde zwischen 1959 und 1963 als NSU-Fiat Weinsberg 500 vertrieben; auch die NSU-Fiat-Kleinwagen Neckar und Jagst sind in Weinsberg hergestellt worden.

Die Karosseriewerke fächerten in den 1950er-Jahren ihr Angebot auf: Neben kompletten Karosserien lieferte man auch Schiebedächer, Kotflügel, Bauteile für die Innenraumausstattung, und man wurde Werkzeugbauer für die Automobilindustrie. Das erste Fahrzeug, das den Marken-

namen Weinsberg ohne Zusatz trug, gab es erst 1969: ein Wohnmobil auf Basis des Kleintransporters Fiat 328. Mit diesem Wohnmobil ist die Marke Weinsberg in die Herstellung von Freizeitfahrzeugen eingestiegen. Die Rechte am Markennamen haben die Karosseriewerke Weinsberg im Jahr 1992, als der Niedergang des Traditionsunternehmens sich schon lange abzeichnete, an die heutige Knaus Tabbert-Gruppe verkauft, die ihren Firmensitz in Jandelsbrunn bei Passau hat und ein Wettbewerber der baden-württembergischen Hymer-Gruppe (Seite 74) ist.

Das Ende der Weinsberger Automobilbau-Tradition fällt mit dem Ende der Fiat-Produktion in Heilbronn zusammen. Fiat hat 1969 die Karosseriewerke Weinsberg an eine Treuhandgesellschaft verkauft. Danach stellte Weinsberg Freizeitfahrzeuge und Sonderfahrzeuge her, zum Beispiel Rettungswagen. Die Stückzahlen waren jedoch zu klein für die große Fabrik: Ende der 1980er-Jahre wurde für einen Teil der 550 Mitarbeiter starken Belegschaft erstmals Kurzarbeit angemeldet, 2002 gingen die Karosseriewerke in die Insolvenz. Nach einer zweiten Insolvenz unter einem neuen Eigentümer im Jahr 2009 übernahm ein weiterer Industrie-Investor den Automobilzulieferer, der auf 23 Mitarbeiter geschrumpft war, und verlegte den Standort der Karosseriewerke Weinsberg ins nahegelegene Bretzfeld. Nur dem Namen nach existiert noch die Reisemobilmarke Weinsberg der Knaus Tabbert-Gruppe, die aber nicht in Baden-Württemberg produziert.

# Zum Schluss noch viele Namen

Einige Automobilhersteller im Südwesten haben sich einen großen Namen gemacht, andere nicht. Manches Unternehmen hat lange erfolgreich gewirtschaftet, manches eine Weile und manches nie. Von einigen ist heute kaum mehr etwas bekannt. Dieses Kapitel fasst die vielen Namen zusammen, die auch ein Teil der Automobilgeschichte Baden-Württembergs waren.

**Automobile der Marke Certus gab es nur ein Jahr lang.**

Die Karosseriefabrik von Christian **Auer** in Cannstatt bei Stuttgart war eine der ersten ihrer Art in Deutschland. Schon um 1900 hat sie fast ausschließlich Automobilkarosserien hergestellt. Viel weiß man heute nicht mehr über diesen Betrieb, auch nicht, wann er aufgehört hat zu produzieren.

Das Automobil-Werk **Certus** in Offenburg in der Ortenau ging aus einer Karosseriefabrik hervor. 1927 begann Certus, komplette Autos mit Motoren aus Frankreich zu bauen. Es gab Vier- und Achtzylindermodelle. Allerdings nur ein Jahr lang, dann war die Marke wieder verschwunden.

Links: Fulmina war ein Automobilzulieferer und bot einige Jahre lang eigene Autos an.

Rechts: Die Maschinenfabrik Esslingen lieferte in den 1930er-Jahren Elektro-Lkw aus.

Heilbronner Fahrzeug-Fabrik
Inh.: Paul Günther
Heilbronn a. N.
Paulinenstraße 13/17
Berlin
Gitschinerstraße 107

„Luxus-Carosserie Heilbronn".

HEINKEL

**Links: Die Heilbronner Fahrzeug-Fabrik dürfte der erste Autobauer der Stadt gewesen sein.**

**Rechts: Der Heinkel-Kabinenroller, ein Kind der Wirtschaftswunderzeit.**

Die Diabolo Kleinauto AG produzierte ein Dreiradfahrzeug nach britischem Vorbild: Es hatte eine schmale Vorderachse und ein einzelnes, nach Art eines Motorrads angetriebenes Hinterrad. Man weiß noch, dass die Marke von 1922 bis 1927 produziert hat, erst in Stuttgart und dann in Bruchsal. Und dass ein **Diabolo** das erste Auto des Schauspielers Heinz Rühmann war. Viel mehr weiß man nicht.

In Sontheim bei Heilbronn sind auch einmal Autos gebaut worden. Allerdings nur von Sommer 1921 bis Jahresende 1922. Dann zog die Marke **Falcon**, die genau ein

Modell anbot, nach Hessen. 1926 ist Falcon wieder vom Markt verschwunden.

Die Fulmina-Werke in Mannheim haben 1910 ein erstes selbst entwickeltes Automobil vorgestellt. Da **Fulmina** ein Automobilzulieferer, unter anderem von Bremsanlagen, war, stellte man den Automobilbau 1926 wieder ein, um nicht in Konkurrenz zur eigenen Kundschaft zu stehen.

Auch im heutigen Bad Saulgau wurden Autos gebaut. Es waren Kleinwagen der Marke **Gridi**, benannt nach den beiden Männern mit Nachnamen Griebel und Diez, die das Unternehmen 1922 gründeten. Nach einem Umzug nach Pforzheim und einem Großbrand im Werk verschwand Gridi wieder. Die Marke hat wohl nur etwa 30 Autos hergestellt.

Wie viele Motorfahrzeuge die 1905 gegründete **Heilbronner Fahrzeug-Fabrik** unter eigenem Markennamen hergestellt hat, ist nicht dokumentiert. 1920 fusionierte sie mit den Berliner Schebera-Automobilwerken und wurde 1926 von NSU übernommen.

Der in Grunbach im Remstal geborene Ernst Heinkel hatte 1922 in Warnemünde ein Flugzeugwerk gegründet, das später zum größten Industriebetrieb Mecklenburgs wurde. Nach Ende des Zweiten Weltkriegs war die Flugzeugindustrie für deutsche Unternehmen zunächst untersagt. Heinkel eröffnete in Stuttgart-Zuffenhausen ein Konstruktionsbüro und eine Fabrik, wo er unter anderem Motoren für die baden-württembergischen Automobilmarken Maico und Veritas entwickelte und produzierte. Und selbstverständlich den **Heinkel** Kabinenroller, von dem 1956 bis 1958 etwa 12 000 Stück gebaut worden sind. Außerdem bot Heinkel Mopeds und Motorroller an. 1958 zog das Unternehmen nach Speyer.

In Singen am Hohentwiel richtete der Werkstattbetreiber Martin **Hildebrand** 1921 seine eigenen Automobil-Werke ein, um Kleinwagen zu bauen. Wie viele Autos entstanden sind und wie lange die Fabrik bestand, ist unklar. Spätestens 1926 war Schluss.

**Der Isdera Spyder wurde von 1983 bis 2001 angeboten.**

Das Stuttgarter Unternehmen Fahrzeugbau **Hurst** hat 1946 begonnen, Kleinstwagen für körperlich eingeschränkte Fahrer, etwa Kriegsversehrte, herzustellen. Etwa 50 Fahrzeuge sind entstanden; die Produktion wurde 1950 wieder eingestellt.

Der Rallye-Fahrer Günther **Irmscher** hat sich 1968 mit einem Automobilbau-Betrieb selbstständig gemacht. Irmscher wurde bekannt als Opel-Händler und -Tuner, hat Rallye- und Tourenwagen auf Opel-Basis, aber auch einige straßenzugelassene Autos unter eigenem Markennamen gebaut.

**Isdera** ist 1982 in Leonberg von einem ehemaligen Porsche-Entwickler gegründet worden. Die Marke, die 2005 nach Hildesheim umgezogen ist, hat bis dato drei Modellreihen von Supersportwagen in Kleinstserie angeboten.

In Wasseralfingen existierte um 1920 das Elektromobilwerk **Kaha**. Ein Kleinwagen wurde 1921 unter dem Markennamen Kaha vermarktet, ein anderer 1922 als Omnobil. Danach war Kaha schon wieder Geschichte.

Horst Keinath hat von 1993 bis etwa 2000 in Dettingen an der Erms den **Keinath** GT/R hergestellt, der nicht zufällig an den Opel GT aus den frühen 1970er-Jahren erinnert: Keinath war Mitinhaber einer Opel-Vertretung. Vom GT/R sind etwa 20 Exemplare entstanden; von einem geplanten Nachfolgemodell GT/C existieren zwei Prototypen.

Unter dem Markennamen **Libelle** sind zwischen 1920 und 1922 Kleinwagen in Sindelfingen hergestellt worden.

Die **Maschinenfabrik Esslingen**, zu ihren besten Zeiten der größte Lokomotivhersteller in Baden-Württemberg, hatte auch eine Sparte für Elektrofahrzeuge. Begonnen hat dieser Zuerwerb mit batteriebetriebenen Gepäcktransportern für Bahnhöfe. In den 1930er-Jahren kamen Elektro-Mobile aus Esslingen auch auf die Straße. Kunden für die batteriegetriebenen Lastwagen mit bis zu zehn Tonnen Nutzlast waren unter anderem Kommunalbetriebe, Brauereien und die Reichspost. Nach 1945 hat die Maschinenfabrik diese Produktion nicht wieder aufgenommen.

Die Mauser-Werke in Oberndorf, ein großer Waffenhersteller, suchten nach dem Ersten Weltkrieg neue Geschäftsfelder. Auch mit der Automobilproduktion hat man es versucht. Von 1923 an hat **Mauser** ein so genanntes Einspur-Auto, so etwas wie ein überdachtes Motorrad mit Stützrädern, hergestellt. Kein großer Erfolg. Im gleichen Jahr startete die Produktion eines vierrädrigen Kleinwagens, der aussah wie andere Autos auch. 1927 hat Mauser seine Experimente mit Automobilen wieder eingestellt.

Der 1842 in Heidelberg gegründete Feuerwehr-Gerätehersteller Metz hat eine vergleichbare Geschichte wie Magirus in Ulm. Feuerwehr-Fahrzeuge unter eigenem Markennamen hat **Metz** allerdings nie produziert. Von 1956 an gehörte Metz zur Firmengruppe des Backnanger Fahrzeugherstellers Kaelble; seit 2015 firmiert der Karlsruher Traditionshersteller unter dem Namen des heutigen Eigentümers Rosenbauer.

Links: Über die »Libelle Klein-Auto-Fabrik« ist kaum mehr etwas bekannt.

Rechts: Ein Elektro-Laster der Maschinenfabrik Esslingen.

**Links:** Vom Automobil der Schwäbischen Hüttenwerke entstanden nur wenige Versuchswagen.

**Rechts:** Der Möckwagen vor der Kulisse des Tübinger Schlosses.

In Tübingen gab es auch einen Automobilhersteller: die Fahrzeugfabrik der Gebrüder **Möck**. 1924 bauten sie den ansehnlichen Möckwagen mit Vierzylindermotor. Wie lange es diesen Hersteller gab, ist unklar. Einige Quellen sagen, nur im Jahr 1924, andere Quellen datieren die Produktionszeit auf mehrere Jahre.

Die **Schwäbischen Hüttenwerke** (SHW) laborierten ähnlich dem Waffenhersteller Mauser in den 1920er-Jahren an einem Automobil. Der sehr fortschrittliche Entwurf ging auf den späteren Stuttgarter Hochschulprofessor Wunibald Kamm zurück. Der SHW-Wagen sollte in Böblingen hergestellt werden, doch das Unternehmen brach das Projekt nach drei hergestellten Versuchswagen wieder ab.

Der Stuttgarter Fahrradhersteller und Opel-Händler **Staiger** hat von 1920 bis 1923 einen Kleinwagen produziert – vermutlich mit Unterstützung des Herstellers Opel. Mehrere Hundert zweisitzige 4/12 PS Staiger-Wagen sollen entstanden sein.

Ein Hersteller von Notarzt- und Rettungswagen ist seit 1984 **Strobel** in Aalen-Wasseralfingen. Das Unternehmen versieht Fahrgestelle von Nutzfahrzeugherstellern mit entsprechenden Aufbauten. Als Markenzeichen tragen die Strobel-Fahrzeuge die Logos der jeweiligen Fahrzeughersteller.

Die Spezialfahrzeuge von **Titan** in Sulzbach an der Murr tragen teils ein eigenes Markenzeichen. Titan baut seit 1994 Schwerlastzugmaschinen und Schwerst-Lkw, auch im Auftrag von Mercedes-Benz.

Hans **Trippel** war eine illustre Figur im Fahrzeugbau. Im Zweiten Weltkrieg hatte er Schwimmwagen für das Militär gebaut. Da dies nach dem Krieg nicht mehr erlaubt war, versuchte er sich in Tuttlingen und Stuttgart als Hersteller von Kleinwagen. Wichtigstes Modell war der Trippel SK 10, den es als Cabriolet und als Coupé mit 500 bis 600 ccm Hubraum gab. Insgesamt hat Trippel zwischen 1950 und 1952 nur etwa 25 Fahrzeuge gebaut; 1958 wurde das Unternehmen aufgelöst. Hans Trippel war Jahre später der Konstrukteur des Schwimmwagens Amphicar, der ab 1961 gebaut wurde.

Ebenso wenig Glück mit dem Automobilgeschäft hatte das Fahrzeugwerk **Weidner** in Schwäbisch Hall. Ansonsten auf Anhänger und landwirtschaftliches Gerät spezialisiert, wollte man 1957 ins damals vielversprechende Geschäft mit Kleinwagen einsteigen. Der Konstrukteur Hans Trippel verkaufte Weidner die Lizenz für seinen Kleinwagen Trippel 750 mit Kunststoffkarosserie und 700 ccm kleinem Zweitaktmotor von Heinkel. Der Wagen wurde »Weidner Condor« genannt und in Schwäbisch Hall ein Montagewerk für etwa 400 Fahrzeuge pro Monat eingerichtet. In Wirklichkeit sind nur etwa 200 Stück insgesamt gebaut worden. Nach einem Jahr gab Weidner sein Auto-Abenteuer auf.

**Links:** Schwimmwagenpionier Hans Trippel produzierte kurzzeitig den Kleinwagen Trippel SK 10.

**Rechts:** Der Weidner Condor ging ebenfalls auf einen Trippel-Entwurf zurück und floppte am Markt.

# Ortsregister

# Bildnachweis

Titelbild: *Porsche AG, Daimler AG, Archiv Silberburg-Verlag*

Aconcagua: *S. 162 rechts*

Archiv Michael Schick: *S. 138–142*

Archiv Silberburg-Verlag: *S. 39, 56, 59, 67 links und rechts, 68, 69, 109, S. 150 links, 160, 161 links und rechts, 164, 165 links, 166 rechts, 170 links und rechts, 171 links und rechts*

Audi AG: *S. 13–17,104–106, 107, 108*

Konrad Auwärter: *S. 19–22*

Alf van Beem: *S. 38, 41*

Binz.com: *S. 33–36*

Andrew Bone: *S. 147*

Buch-t: *S. 23, 40, 46, 49, 50, 58, 102 unten, 149, 168*

Carthago Reisemobilbau: *S. 42–45*

Daimler AG: *S. 7, 9–12, 27–32, 51–55, 94–99, 110–112, 122–127, 128–132,142–146, 153 links, 154, 158*

Detectandpreserve: *S. 100*

dpa: *S. 8*

FCA Germany AG: *S. 102, 163*

Flominator (talk): *S. 103*

Michael H.: *S. 150*

Hajotthu: *S. 107 rechts*

J. Hammerschmidt: *S. 70, 71*

Hymer GmbH: *S. 74–77*

Iveco Magirus AG: *S. 84–88*

MTU Friedrichshafen GmbH / Daimler AG: *S. 89–93, 133–137*

1971markus: *S. 65*

Thilo Parg: *S. 167*

Porsche AG: *S. 57, 113–117*

F. Rethagen: *S. 72*

Georg Sander: *S. 66*

Lothar Spurzem: *S. 101, 148, 162 links*

Stadtarchiv Heilbronn: *S. 166 links*

Stadtarchiv Sindelfingen: *S. 169 links*

Technikforum Backnang: *S. 78–83*

Martin V.: *S. 37*

Volkswagen AG: *S. 155–157, 159*

Wirtschaftsarchiv Baden-Württemberg: *S. 18, 24–26, 47, 48, 60–64, 118–121, 151–152, 153 rechts, 154, 165 rechts, 169 rechts*